设计广场 系列基础教材

新多媒体·三维造型设计

XIN DUOMEITI SANWEI ZAOXING SHEJI

占建国 方燕燕 著
上海市教育委员会 组编

广西美术出版社

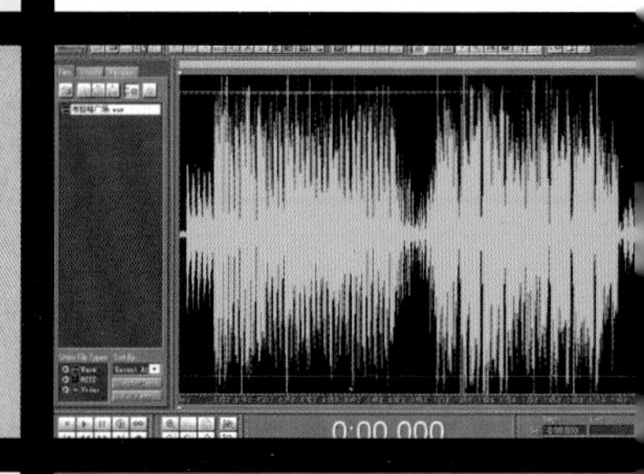

作　者：占建国

性　别：男

简　介：上海美术家协会会员

任教职称：讲师

作　者：方燕燕

性　别：女

简　介：皖南芜湖人氏，计算机应用技术专业硕士，现居于上海。上海工程技术大学艺术设计学院专业教师。目前研究方向——计算机艺术设计以及多媒体设计。

目前发表论文——《分形几何在艺术设计中的应用研究》，东南大学学报（哲学社会科学版）2004 年 6 月

《平面设计软件的教学研究》，安徽工业大学学报（社会科学版）2005 年 2 月

序

21世纪是一个体现完美设计的时代。对今天的人们来说，设计不再是仅仅局限于造物、造型和设色，或只是为了人类自身的行为。设计的根本是合理。我们必须面对现实、面向未来，对全人类和世界上所有生灵的和谐生存进行全方位的、立体的、综合的设计。因此，对设计含义的提升和设计内容的扩展，当是今日设计教育和研究中最为重要的课题。

随着全球经济一体化的进程，我国经济也进入了一个高速发展的时期。国力的不断增强，文化艺术和教育事业的大力发展，必将有利于提高和强化国人的文化素养和审美情趣，有利于促进当下及未来人们生活方式的改良和优化人们的生活环境，进而让人们的生活臻于极度的合理与完善……今天，设计已成为创造新生活，改变、推进社会时尚文化发展不可或缺的手段。构建人文日新的和谐社会，已逐渐成为设计人的共识和设计教育的宗旨。

高等专业教育是一个国家实现设计高水平的重要保证，而教材与教学参考书则是这一保证体系中重要的一环。上海市教育委员会针对目前艺术设计教育界设计参考书繁杂，水平良莠不齐，教材面对的学生层次不明等问题，专门组织具有优秀设计能力和丰富教学经验的教师，编写了这套“设计广场”系列设计教材。笔者对上海市教委的这一重要举措感到欣慰和钦佩的同时，对这套专业教材的成功付梓，表示由衷的祝贺！

这套设计教材作为上海市教育委员会高校重点教材建设项目，具有相当强的知识性、指导性、实用性和针对性，是专门为艺术设计专业在校大学本科生而编写的系列设计教材。全套书共设十个独立单行本：染织设计、服装设计、VI设计、产品设计、环境设计、图形创意、现代陶艺设计、新多媒体设计、基础图案设计、色彩构成。每本教材的理论论述全面而精要，简洁而准确，表述深入浅出，分析透彻明了，并配有大量国内外最新的图片资料和学生优秀作业辅助说明，力求具有鲜明的专业性和时代性，是艺术设计院校和设计专业理想的学习教材，对广大设计人员和设计爱好者来说，也是一套很好的参考读物。

相信这套设计教材的问世，会对推动上海乃至我国的设计事业和设计教育的长足发展产生积极的作用。它的重要价值，将在未来不断地显现。

是为序。

张夫也　2005年春于北京松榆书斋

（张夫也博士，清华大学美术学院艺术史论学部主任、教授、博士生导师，《装饰》杂志主编）

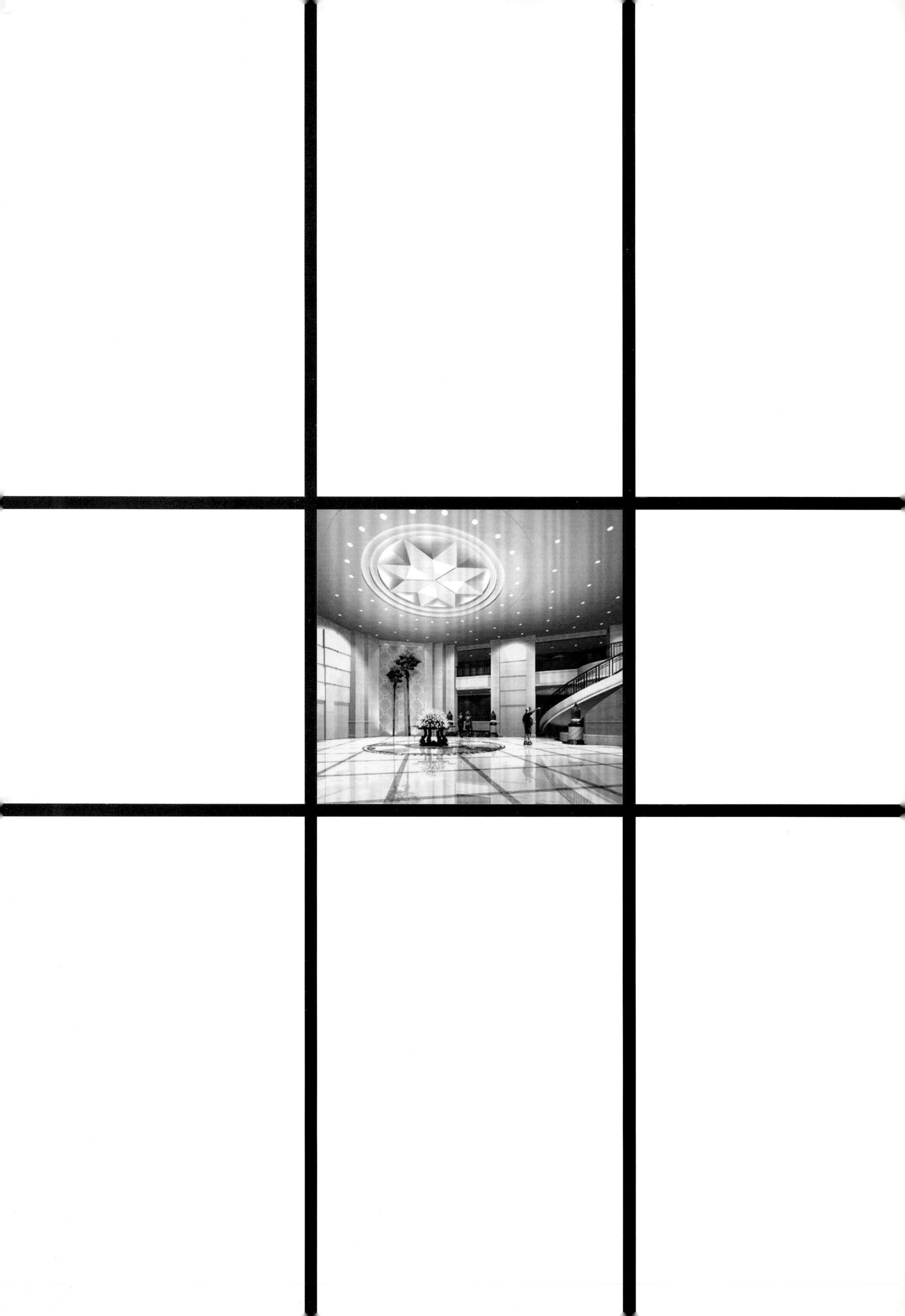

第一章

多媒体概论

BENETTON
F1
BENETTON
KOREAN
AIR
Agip
5
BENETTON
BENETTON
AKAI
AKAI

第一章　多媒体概论

21世纪人类走向信息社会时代，科技的发展改变了世界许多方面，也包括艺术。从上世纪80年代起艺术形式的变迁由新媒体艺术进入到数字艺术阶段，“多媒体”很快成为各方研究和探讨的热点，业已是时下的流行词。多媒体的应用越来越广泛，社会对多媒体的需要也越来越大，同时对多媒体技术的要求也越来越高。

多媒体时代的到来为人们勾画出一个多姿多彩的视听新世界。人们开始从陌生好奇转变为欣赏和尝试，从羡慕守望转变为学习和开发。作为教育前沿的高校教育更是积极地开设了多媒体技术的教学，但是各所学校各类专业考虑到自身的特点与需求，在开设的多媒体课程内容上会有较大的不同，有的侧重于理论知识，有的侧重于应用技术。

本书的两位作者均从事高校艺术类多媒体设计的教学与研究工作。作者从多媒体与多媒体技术的概念、多媒体系统硬件与软件的组成、多媒体技术应用与发展的方向，音频视频处理、图形图像处理、动画制作等方面结合自身在教学与研究实践中积累的经验向读者一一讲解。本书旨在对多媒体所涉及的多个侧面予以介绍并着重于应用设计方向，使广大读者尤其是艺术类的高校学生对于多媒体有一个全面而较深入的认识。

一、多媒体技术的概念

多媒体是一项综合性技术，包括计算机、声像、通信等技术。多媒体技术就是一种数字技术，涉及文本、音频、视频、图形、图像、动画等方面，并伴随着计算机的普及与网络的发展逐渐渗透到与人类活动息息相关的各个领域。

（一）多媒体与多媒体技术

“多媒体”的英文是“Multimedia”。它由“multi”和“media”两部分组成，“multi”是“多”的意思，“media”是“媒体”的意思。 顾名思义，“Multimedia”可以理解为多种媒体的综合。

按照国际电信联盟电信标准局（ITU-T）的建议，媒体可以分为以下五种：感觉媒体、表示媒体、显示媒体、存储媒体和传输媒体。感觉媒体指的是用户接触信息的感觉形式，如视觉、听觉、嗅觉、味觉和触觉等；表示媒体指的是信息的表示和表现形式，如图形、图像、音频和视频等；显示媒体指的是表现和获取信息的物理设备，如显示器、扫描仪、打印机、扬声器、键盘、鼠标、话筒和摄像机等；存储媒体指的是存储数据的物理设备，如磁盘、光盘、硬盘等；传输媒体指的是传输数据的物理设备，如电线、电缆、光纤等。一般说来，如不特别强调，我们所说的多媒体主要指媒体中的表示媒体。

视觉、听觉、嗅觉、味觉和触觉中，人类感知信息的第一途径是视觉，通过视觉可以从外部世界获取80%左右的信息；其次是听觉，通过听觉可以从外部世界获取10%左右的信息；第三途径是嗅觉、味觉和触觉，它们合起来可以获取的信息量占10%左右。具体而言主要的表示媒体有以下几种：

1.图像（image）：对所观察到的图像按行列进行数字化，对图像的每一点都数字化为一个值，所有的这些值就组成了位图图像。位图图像是所有视觉表示方法的基础。

2.图形(graphics)：图形是图像的抽象。它反映了图像上的关键特征，例如点、线、面等。图形的表示不直接描述图像的每一点，而是描述产生这些点的过程和方法，即用矢量来表示。

3.符号(signal)：符号包括文字和文本，是比图形更高一级的抽象。必须具有特定的知识才能解释特定的符号(例如语言)。符号的表示是用特定值来表示的，如ASCⅡ码、中文国标码等。

4.视频(video)：视频是动态图像，是一组图像按照时间序列的连续表现。视频的表示与图像序列、时间关系有关。

5.动画(animation)：动画也是动态图像的一种。与视频不同的是，动画采用的是计算机产生出来的图像或图形，而不像视频采用直接采集的真实图像。动画包括二维动画、三维动画、真实感三维动画等多种形式。

6.波形声音(wave)：是自然界中所有的声音的复制，是声音数字化的基础。

7.语音(voice)：语音也可以表示为波形声音，但波形声音表示不出语音的内涵。语音是对讲话声音的一次抽象。

8.音乐(music)：音乐与语音相比更规范一些，是符号化了的声音。乐谱是符号化声音的符号组，表示比单个符号更复杂的声音信息内容。

多媒体是融合两种或者两种以上表示媒体的一种人机交互式的信息交流和传播媒体，它是多种媒体信息的综合。

多媒体的实质是将自然形式存在的各种媒体数字化，然后利用计算机对这些数字信息进行加工和处理，以一种友好的方式提供给用户使用。因此，多媒体是一个丰富多彩的感官世界，它能使人的眼睛、耳朵、手指，尤其是大脑兴奋起来。目前多媒体大部分是利用了人的视觉和听觉，虚拟现实中还用到了触觉（如电子手套）和嗅觉（如电子鼻），但味觉尚未集成进来。随着多媒体技术的进步，多媒体的含义和范围还将扩展。

多媒体技术往往与计算机联系起来，这是由于计算机的数字化和交互式处理能力极大地推动了多媒体技术的发展。目前，可以把多媒体技术看作是先进的计算机技术与视听技术、通信技术融为一体而形成的一种新技术。同时多媒体技术也极大地改变了我们使用计算机的方式，改变了计算机的使用领域，并对大众传播媒介产生了深远影响。

多媒体技术就是将文本、图形、图像、动画、音频和视频等多种媒体信息通过计算机进行数字化采集、压缩、存储、传输、处理和再现等，使多媒体信息建立逻辑连接，集成为一个系统并具有交互性。简而言之，多媒体技术就是利用计算机综合处理图、文、声、像等信息的技术。

从研究和发展的角度来看，多媒体技术具有以下特点：

（1）多样性：可以综合处理多种媒体信息，包括文本、图形、图像、动画、音频和视频等。

（2）集成性：可以将不同的媒体信息有机地组合在一起，形成一个完整的整体以及与这些媒体相关的设备集成。

（3）实时性：可以做到音频信息和视频信息与时间密切相关，甚至是实时的。

（4）交互性：可以使用户介入到各种媒体的加工、处理的过程中，为用户提供更加有效的控制和使用媒体信息的手段。多媒体的最大特点是具有交互性。我们通常所看到的电视节目、电影也是多种媒体的组合，但你无法参与进去，只能根据编剧和导演编制完成的节目去听去看，这是顺序播放。真正意义上的多媒体作品则可以让你参与到过程中去，这种可以打乱顺序进行选择的操作就称为交互。可以这样理解——交互就是由用户通过有意或无意的操作来改变某些音频或视频元素的特征，交互就是用户在某种程度上的参与。从这个角度来看，多媒体作品是通过硬件和软件以及用户的参与这三项来共同实现的。

总之，多媒体技术是一种基于计算机技术的综合技术，它包括信号处理技术、音频视频技术、压缩和解压缩技术、人工智能和模式识别技术、计算机硬件和软件技术、通信技术等，是处于发展过程中的一门跨学科的综合性高新技术。

（二）多媒体的关键技术与相关技术

实现多媒体的关键技术包括：

1.多媒体信息压缩与编码技术

计算机只能存储和处理数字信息，因此在多媒体技术中，实际上需要处理的是数字音频、数字图像和数字视频等，数据量非常大。为了解决巨大的数据与实时管理之间产生的矛盾，提高数据传输效率、减少贮存空间，对这些数据进行压缩是十分必要的。若不采取压缩技术，视频信号30帧/s隔行扫描显示，一张650MB的光盘只能播放连续的彩色视频画面25秒左右，而经过压缩技术处理之后，已经可以播放1个多小时的连续的彩色视频。因此，对于海量的多媒体信息不使用信息压缩技术是不实际的，信息压缩是多媒体技术能够实际应用的关键技术。

多媒体信息压缩目前已经形成一些国际标准。例如，用于静态图像数据压缩的JPEG标准、用于动态图像数据压缩的MPEG标准等。

2.多媒体软硬件平台

硬件和软件平台是实现多媒体的基础。这方面的研究内容包括多媒体信息的输入、处理、存储、管理、输出和传输等各种技术和设备。在硬件方面，光盘驱动器、音频卡、图像显示卡等已经成为多媒体计算机的标准配置，扫描仪、数码相机、摄像头、刻录机、彩色打印机等也越来越普及。在软件方面，具有多媒体功能的Windows操作系统直接推动了多媒体技术的迅速发展，多媒体素材编辑工具、多媒体设计创作工具以及更复杂的专用软件已是琳琅满目。结合Internet技术，多媒体软件得到了飞速的发展，同时也促进了网络的应用。

3.多媒体通信技术与分布处理

多媒体通信是多媒体技术和通信技术结合的产物，它将计算机的交互性、通信的分布性和广播电视的真实性融为一体。多媒体通信技术是指利用通信网络综合性地完成多媒体信息的传输和交换的技术。多媒体通信分为同步通信和异步通信两种：同步通信主要在电路交换网络的终端设备间交换实时语音和视频信号；异步通信主要在组成交换网络上异地提供同步信道和异步信道。

多媒体的分布处理也是一个重要的关键技术。因为要想广泛地实现信息共享，计算机网络及其在网上的分布、协作操作就不可避免了。如何判定有效的协议，如何充分发挥分布式系统的协作性作用，如何使得系统和用户之间更容易交换信息、共享信息和同时处理信息等问题就必然成为研究课题。

4.多媒体数据库技术

多媒体数据库是一种包括文本、图形、图像、音频、视频、动画等多种媒体信息的数据库。由于一般的数据库管理系统处理的是字符、数值等结构化的信息，无法处理图形、图像、声音等大量非结构化的多媒体信息，因而需要一种新的数据库管理系统对多媒体数据进行管理。这种多媒体数据库管理系统MDBMS能对多媒体数据进行有效的组织、管理和存取，而且还可以实现更多的功能：多媒体数据库对象的定义、多媒体数据库运行控制、多媒体数据库的建立和维护、多媒体数据库的网络通信功能。

目前有不少商品化的数据库管理系统（如SQL Server、Oracle等）围绕上述的MDBMS管理多媒体数据的要求进行扩充。其常用的做法是将大二进制对象BLOB作为新的数据类型，看作二进制和自由格式文本进行管理，但实际上它只包括BLOB的位置信息，而多媒体数据实际上存放在数据库外部独立的服务器中。

5.虚拟现实技术

虚拟现实VR（Virtual Reality）是在许多相关技术（如仿真技术、计算机图形图、多媒体技术等）的基础上发展起来的一门综合技术，是多媒体技术发展的更高境界。虚拟现实技术提供了一种完全沉浸式的人机交互界面，用户处在计算机产生的虚拟世界中，无论看到的、听到的，还是感觉到的都像在真实的世界里一样，并通过输入和输出设备可以同虚拟现实环境进行交互。虚拟现实的本质是人与计算机之间或者人与人借助计算机进行交流的一种方式，这种方式具有相当逼真的三维虚拟世界，即具有三维交互接口。

虚拟现实具有多感知性、临场性、自主性和互动性四大特点，虚拟现实技术的发展加快了多媒体技术的发展。

二、多媒体系统的组成

多媒体系统是指能够对文本、音频、视频、图形、图像和动画等多种媒体信息进行逻辑互联、获取、操作、编辑、存储和演播等功能的一个计算机系统。由于多媒体系统能灵活地调度和使用多种媒体信息并使之与硬件协调地工作，因此多媒体系统是一个硬件和软件相结合的复杂系统。

多媒体系统把多媒体与计算机系统融合起来，并由计算机系统对多媒体进行数字化处理。多媒体系统按照其物理结构可以分为多媒体硬件和多媒体软件两大部分，其组成结构如下图：

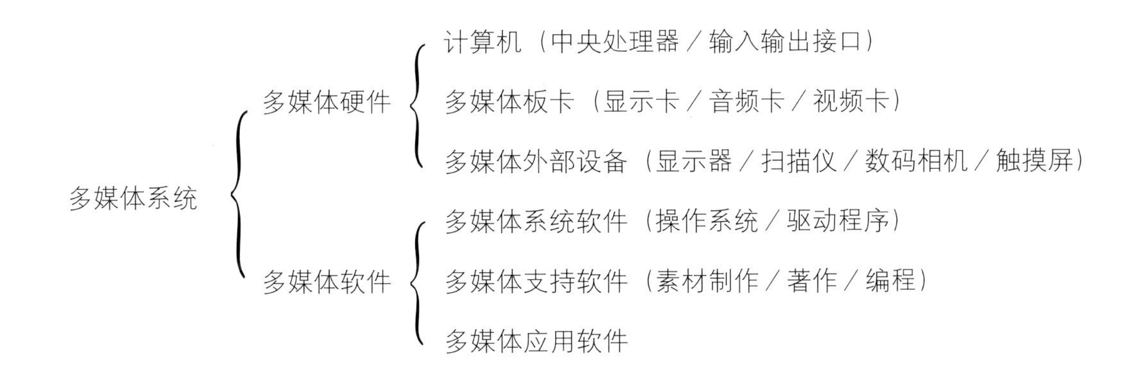

（一）多媒体硬件系统的组成

构建一个多媒体系统，硬件是基础。多媒体硬件系统是由计算机主机以及可以接收和播放多媒体信息的各种多媒体外部设备及其接口板卡组成的。

1.计算机

在多媒体系统中，计算机是基础部件，如果没有计算机，多媒体就无法实现。多媒体计算机可以是MPC，也可以是工作站。

多媒体计算机MPC（Multimedia Personal Computer）是目前市场上最流行的多媒体计算机系统，基本部件由中央处理器（CPU）、内部存储器（只读ROM/随机RAM）、外部存储器（软盘、硬盘、光盘、闪盘）、输入输出接口几部分组成。中央处理器是关键，目前流行的Pentium2.4G的CPU就可以满足专业级水平的各种媒体制作与播放；内部存储器随机RAM是存放计算机运行时大量的程序和数据信息代码的地方，做多媒体作品时推荐使用512MB以上内存，80G以上硬盘；用于多媒体计算机的另一个关键部件是扩展总线，它提供了若干个扩展槽，使多媒体硬件接口板与计算机连成一体；输入输出接口是将计算机与外部设备进行连接。

多媒体工作站采用已经形成标准的POSIX和XPG3，其特点是：整体运算速度高，存储容量大，具有较强的图形处理能力，支持TCP/IP网络传输协议，拥有大量科学计算或工程设计软件包等。例如，美国SGI公司研制的SGI Indigo多媒体工作站，能够同步进行三维图形、静止图像、动画、视频和音频等多媒体操作和应用。它与MPC的区别在于，不是采用在主机上增加多媒体板卡的办法来获得视频和音频功能，而是从总体设计上采用先进的均衡体系结构，使系统的硬件和软件相互协调工作，各自发挥最大效能满足较高层次的多媒体应用要求。

2.多媒体板卡

多媒体板卡根据多媒体系统获取或处理各种媒体信息的需要插接在计算机上，以解决输入输出的问题，它是建立多媒体应用程序工作环境必不可少的硬件设备。常用的多媒体板卡有显示卡、音频卡和视频卡等。

显示卡，又称显示适配器，它是计算机主机与显示器之间的接口，用于将主机中的数字信号转化成图像信号并在显示器上显示出来，它决定了屏幕的分辨率和显示器可以显示的颜色。

音频卡，又称声卡，它是计算机处理声音信息的专用功能卡，卡上预留了话筒、录放机、激光唱机等外部设备的插孔，可以用来录制、编辑和回放数字音频文件，控制各声源的音量并加以混合，在记录和回放数字音频文件时进行压缩和解压缩，采用语音合成技术让计算机朗读文本，具有初步的语音识别功能，另外还有MIDI接口以及输出功率放大等功能。

视频卡，它是一种基于PC机的多媒体视频信号处理平台，可以汇集视频源和音频源的信号，经过捕获、压缩、编辑、存储和特技制作等处理产生非常亮丽的视频图像画面。

网卡，又称网络接口适配器，它是计算机与传输介质的接口，把网线连到网卡的端口上，计算机和网络就有了实际的物理连接。

3.多媒体外部设备

多媒体外部设备十分丰富，工作方式一般为输入或者输出。常用的多媒体外部设备有光盘存储器、显示器、扫描仪、数码相机、摄像头、麦克风、扬声器、触摸屏和投影仪等。

光盘存储器，它利用激光的单色性和相干性，通过调制激光把数据聚焦到记录介质上，使介质的光照区域发生物理和化学变化以实现写入。读出时，利用低功率密度的激光扫描信息轨道，其反射光通过光点探测器检测和解调，从而获得所需要的信息。

显示器，是一种计算机输出显示设备，由显示器件、扫描电路、视放电路和接口转换电路组成，为了能够清晰地显示出文本和图形，其分辨率和视放带宽比电视机要高出许多。

扫描仪，是一种静态图像采集设备，它内部有一套光电转换系统，可以把各种图片信息转化成数字图像数据并传送给计算机。如果再配上文字识别OCR软件，则扫描仪可以快速地把各种文稿录入到计算机中。

数码相机，是一种能够进行拍摄并通过内部处理把拍摄到的景物转换成以数字格式存放图像的照相机。它利用电荷耦合器件进行图像传感，将光信息转换成电信号记录在存储器或存储卡上，它可以直接连接到计算机、电视机和打印机上，对图像进行加工处理、浏览和打印等。

摄像头，它用于网上传送实时影像，在网络视频电话和视频电子邮件中实现实时影像捕捉。它是数码摄像机在网络视频方面的一个特殊分支。

麦克风，是一种将声音转换为相应电信号的输入设备。

扬声器，是一种能将模拟脉冲信号转换成机械性的振动并通过空气的振动再形成人耳可以听到的声音的输出设备。

触摸屏，是一种定位设备，当用户用手指或者其他设备触摸安装在计算机显示器前面的触摸屏时，所触摸到的位置被触摸屏控制器检测到，并通过接口传送到CPU从而确定用户所输入的信息。

投影仪，是一种用于将计算机显示信息大屏幕显示的设备。

（二）多媒体软件系统的组成

构建一个多媒体系统，软件是灵魂。多媒体软件的主要任务是将硬件有机地组织在一起，使用户能够方便地使用多媒体信息。多媒体软件系统按照功能可以分为多媒体系统软件、多媒体支持软件和多媒体应用软件。

1.多媒体系统软件

多媒体系统软件主要包括多媒体驱动程序和多媒体操作系统等。

目前，在PC机上经常使用的多媒体操作系统有Windows 98/2000/XP/NT等多媒体操作系统。

2.多媒体支持软件

多媒体支持软件是指多媒体创作工具或开发工具等一类软件，它是多媒体开发人员用于获取、编辑和处理多媒体信息，编制多媒体应用软件的一系列工具软件的统称。它可以对文本、音频、视频、图形、图像和动画等多种媒体信息进行控制和管理，并把它们按要求连接成完整的多媒体应用软件。多媒体支持软件大致可以分为多媒体素材制作工具、多媒体著作工具和多媒体编程语言等。

多媒体素材制作工具，是为多媒体应用软件进行数据准备的软件，包括文本制作软件Word，音频制作软件Cool

Edit，视频制作软件Premiere，图形制作软件Illustrator，图像制作软件Photoshop以及动画制作软件Flash MX、3D MAX等。

多媒体著作工具，是利用编程语言调用多媒体硬件开发工具或函数库来实现的，并能被用户方便地编制程序，组合各种媒体最终生成多媒体应用程序的工具软件。常用的多媒体著作工具有PowerPoint、Author ware等。

多媒体编程语言，可以直接开发多媒体应用软件，有较大的灵活性并适用于开发各种类型的多媒体应用软件，但是对开发人员的编程能力要求较高。常用的多媒体编程语言有Visual Basic、Visual C++等。

3.多媒体应用软件

多媒体应用软件，又称多媒体产品或多媒体作品，是由设计开发人员利用多媒体支持软件编制的最终多媒体产品，是直接面向用户的。

多媒体计算机系统就是通过多媒体应用软件向用户展现其强大的、丰富多彩的视听功能。例如，多媒体教学软件、多媒体电子图书等。

三、多媒体技术的应用与发展

丰富多彩的多媒体应用充分体现了21世纪科技时代的特点，其应用范围非常广泛，几乎涉及人类社会的各个领域，对人类的学习、工作、家庭生活和社会活动都产生了极大的影响。多媒体技术的优势可能不在于某些具体的应用，而是在于它能把复杂的事务变得简单，把抽象的东西变得具体，因此多媒体技术的发展会改变人类未来的学习、工作和生活方式。

以下简单介绍多媒体技术的几个主要应用和发展领域。

（一）教育与培训

目前多媒体应用最多的就是教育和培训领域。

多媒体丰富的表现形式以及传播信息的巨大能力赋予现代教育技术以崭新的面目。多媒体教学是教学现代化的重要组成部分，也是整体教育改革的突破口。通过开展多媒体教学，可以促进教学观念和形式的更新，促进教学方法和教学结构的变革，同时也会促进教学思想和学习理论的发展。

多媒体教学就是利用多媒体计算机综合处理和控制文本、图形、图像、动画、音频和视频等多媒体信息，把多媒体信息按照教学要求进行有机地组合，形成合理的教学结构并呈现在屏幕上，然后完成一系列人机交互操作，使学生在最佳的学习环境中进行学习。利用多媒体技术编制的教学课件，能创造出图文并茂、绘声绘色、生动逼真的教学环境和交互操作方式，从而可以大大激发学生学习的积极性和主动性，改善学习环境，提高学习质量。

利用多媒体技术不仅能模拟物理和化学实验，而且能制作出天文或自然现象等真实场景，还能十分逼真地模拟社会环境以及生物繁殖和进化等。多媒体和网络技术的发展已经将教学模拟推向一个新的阶段，各种形式的虚拟课堂、虚拟实验室、虚拟图书馆等与学校教育密切相关的新生事物不断涌现，这些新技术将会为教育工作者提供前所未有的强大工具和手段。

员工技能培训是生产及商业活动中不可缺少的重要环节。传统的员工培训是教师讲解并示范操作，然后指导员工操作练习，这种方法成本较高。多媒体技能培训系统不仅可以省去某些费用，而且由于教学内容直观、生动并自由交互，使培训员工的印象深刻，培训教学效果也得到提高。

（二）出版与著作

随着多媒体技术和光盘技术的迅速发展，出版业已经进入多媒体光盘出版时代。e-book(电子图书)、e-newspaper(电子报纸)、e-magazine(电子杂志)等电子出版物大量涌现,对传统的新闻出版业造成了很大的冲击。

电子出版物具有容量大、体积小、成本低、检索快、易于保存和复制、能存储图文声像信息等特点。例如，一张光盘就可以装下一套百科全书的全部内容。

正是多媒体技术在出版方面的逐渐普及，给图书馆带来了巨大的变化。首先，出现了大量多媒体存储信息，各类电子出版物越来越多；其次，在信息检索中，以非线性的结构组织信息，为用户提供了友好的使用界面；再次，用户使用 Internet 便可以遨游世界各大数字图书馆，查找所需的信息。

多媒体著作是通过多媒体著作工具完成的。多媒体著作工具是一种高级的多媒体应用开发平台。它能够统一地编辑、管理多媒体数据，并且不需要高级语言编程能力就可以把这些数据连接成为完整的多媒体应用程序，也即多媒体著作。主流的多媒体著作工具有 PowerPoint、Author ware 等。

（三）通信与网络

多媒体通信是21世纪人们通信的基本方式之一。多媒体通信技术使计算机的交互性、通信的分布性及电视的真实性融为一体，多媒体通信技术的广泛应用将能极大地提高人们的工作效率，减轻社会的交通负担，改变人们传统的工作和生活方式。例如，视频会议让人们可以在世界的任何地方通过显示器或电视屏幕来“面对面”地讨论、交谈、传送文件等，使人们的空间距离缩小而活动范围扩大，进一步提高了工作效率和质量。

多媒体技术应用到通信上，将把电话、电视、传真、音响、卡拉OK机以及摄像机等电子产品与计算机融为一体，由计算机完成音频和视频信号采集、压缩和解压缩、多媒体信息的网络传输、音频播放和视频显示，形成新一代的家电类消费产品。

随着多媒体网络技术的发展，视频会议、可视电话、家庭间的网上聚会交谈等日渐普及。多媒体通信和分布式系统相结合而出现了分布式多媒体系统，使远程多媒体信息的获取、编辑、同步传输成为可能。例如，远程医疗会诊就是以多媒体为主体的综合医疗信息系统，使医生远在千里之外就可以为患者看病开处方。对于疑难病例，各路专家还可以联合会诊，这样不仅为危重病人赢得了宝贵的时间，同时也使专家们节约了大量的时间。

（四）商业展示与信息咨询

多媒体技术的商业应用包括了商品简报、查询服务、产品演示以及商贸交易等方面。在商贸方面电子商务业已形成一股热潮，它提供经 Internet 及其他在线服务进行产品或信息的买卖功能。

多媒体技术可以用于产品展示。目前很多公司或工厂有许多优秀的产品，以多媒体技术制作的产品演示光盘为商家提供了一种全新的广告形式，不必投巨资去做传统的电视、报纸广告，同样可以淋漓尽致地表现出产品。这种多媒体演示可以用于多种行业，如房地产公司、计算机公司、汽车制造厂商等。例如，房地产公司通过多媒体计算机屏幕演示引导客户身临其境地观看建筑物的各个角落，而不需要把客户带到现场去。

多媒体技术可以用于在公共展览馆或博物馆等需要展示的场合。多媒体演示固然无法代替人们直观地欣赏展品，但它能非常形象生动又多方位地展示一个展品。通过多媒体的演示，观众可以全面深入地了解展品，而不需要专业人员的陪同讲解，或仅仅只是似懂非懂地看到简单的画面。多媒体展示方便了人们从多角度多侧面了解更多的相关知识。例如，通过网上虚拟博物馆，人们可以随时、随地、随意地欣赏到世界各地的各类艺术作品和馆藏珍品，而不必花费高昂的旅费去周游世界。如果没有多媒体演示和网络，很多欣赏者可能终生无缘得见这些艺术作品，即使可以，人们也愿意把网上浏览当作亲身体验艺术品之前的“预览”。

利用多媒体技术可为各类咨询提供服务，如气象、交通、邮电、商业、旅游等公共信息以及宾馆、饭店、商场等服务指南都可以存放在多媒体系统中，向公众提供多媒体咨询服务。用户可通过触摸屏等进行操作，查询所需的多媒体信息资料。例如，大商场的导购系统，用户只需在触摸屏上按按，就能根据自己的需要选购商品了。

（五）影视动画与游戏娱乐

多媒体技术的发展改变了世界许多方面，也包括艺术。多媒体艺术打破了传统的在特定地点与特定时间中展示特定作品的方式。任何一个人，不管他在什么地方，只要他具备了上网条件与多媒体交流技术，就可以参与到作品的互动过程中，他作为欣赏者也可以根据自己的理解和喜好对艺术作品进行修改，创造出符合自己审美趣味和理想的新的艺术版本，这种新的艺术版本不再只是存在于欣赏者意识中的审美经验，而是经过欣赏者的再创造转化为现实的艺术作品，这样，艺术作品的原创者和欣赏者之间的界限将不再清晰。

新的艺术形式将给人们提供更广阔的艺术空间，尤其为原来没有机会从事艺术活动的人们体验艺术创造的乐趣提供了条件。这种人机交互的机会为人们的艺术欣赏、艺术创作、艺术评论等开辟了新的美好前景。例如，平民歌手雪村就是凭借网络和多媒体技术，以一曲《东北人都是活雷锋》Flash音乐作品唱响中国大江南北。近年来随着DVD的普及，在计算机上就能够观看具有高清晰的画面质量、超震撼的音响效果的影视节目。双向电影及双向电视的出现使多媒体在影视娱乐方面的应用达到了更高层次。

随着Internet技术迅速发展，我们生活中数字信息的数量正在飞速增加，数字信息的质量也在极大改善。动画特别是三维动画被看做一种最佳的信息的包装方式，三维游戏也非常热门。电脑游戏本身就是多媒体作品，它是以电脑技术为手段的电脑程序设计艺术。电脑游戏逼真的场景、个性的角色、绚烂的故事和美妙的音乐效果，使游戏者在游戏的幻想世界中漫游，在编程的虚拟现实中实现一个新的自我。

无疑，三维技术能使人耳目一新。给人最好的视觉感受是所有信息传播者共同的追求，因而三维动画必将更多地出现在相关媒体特别是Internet上，三维制作软件也将朝着功能更强、使用更易、更具交互性等方向发展。未来，我们将生活在信息的海洋中，而三维动画将是一道随处可见的风景。

多媒体技术的应用范围很广，发展潜力很大，正在并将继续给人类带来更多的惊叹与喜悦。作为中国经济中心，上海将信息产业作为新世纪第一支柱产业。2002年3月，由上海市科学技术委员会批准、上海新长宁集团领衔，创立了“上海多媒体产业园”。目前，包括美国网讯、环球数码创意、好莱坞梦工厂关联企业等在内的数家国际著名多媒体和多媒体相关产业公司已纷纷入驻，或者以参与合作的形式进入位于上海中山公园地段的上海多媒体产业园。这一在国内尚属首创的多媒体园区业已引起国际业界人士的广泛关注。

为适应时代的发展和市场的需求，上海工程技术大学也已经联合韩国东西大学开设了多媒体专业，并在上海多媒体产业园组建了中韩多媒体产学研合作基地。同时，本部设在韩国的亚洲艺术与科学学会也在园区成立了上海联络处。多媒体产业园的成功策划和有效推进，不仅将形成多媒体及其相关的产业链，带动整个经济与科技文化的紧密结合，加快上海IT产业的发展，而且可以直接带动诸如游戏、会展等新兴产业。

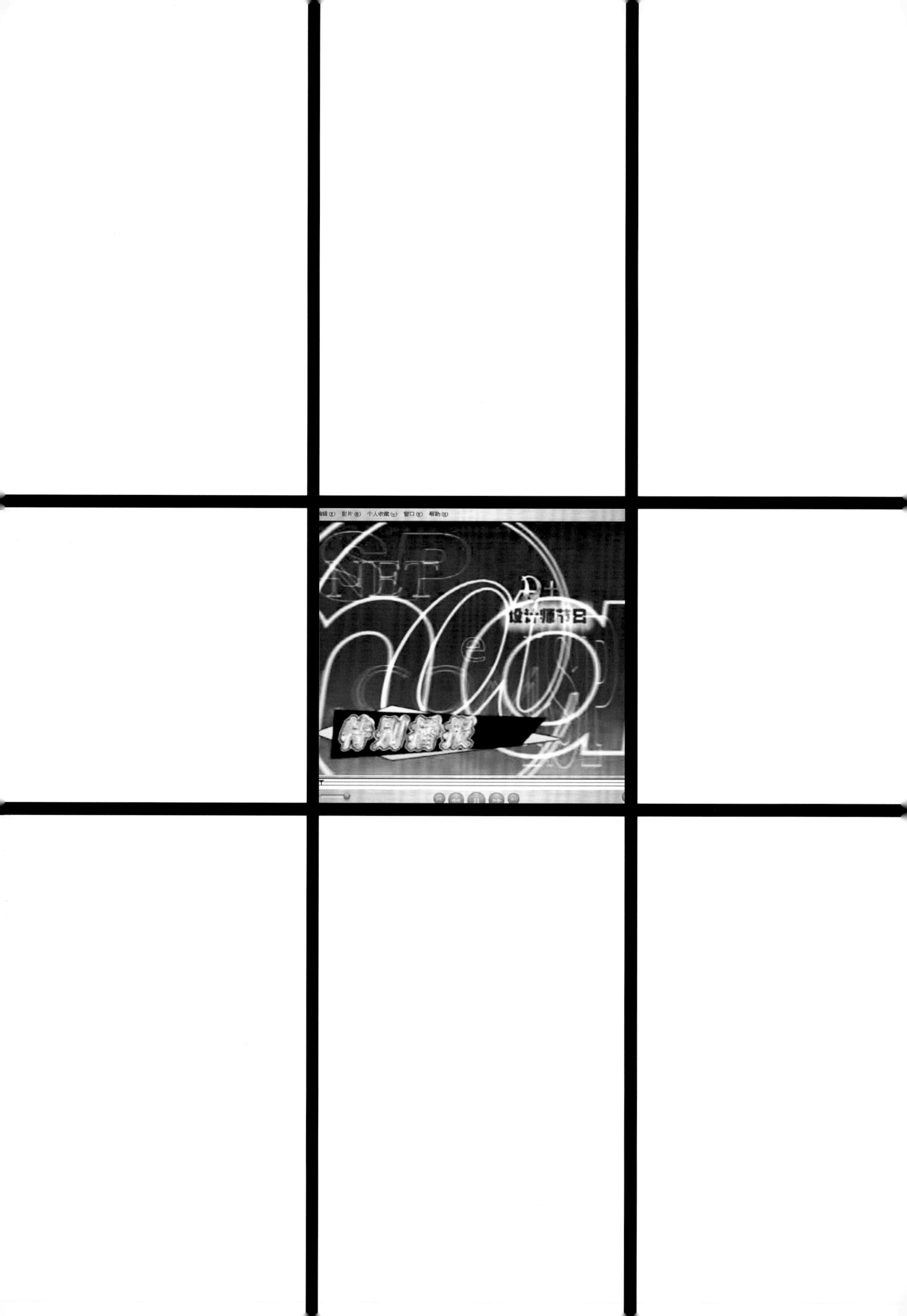
影片(M)
个人收藏(V)
窗口(W)
帮助(H)
NET
设计师节日
特别播报

第二章

多媒体音频和视频处理

第二章　多媒体音频和视频处理

一、音频视频的基本概念

多媒体音频和视频技术的发展，使人们能够独自在家里看电影、听音乐。音乐爱好者可以在网上进行数字化的音乐检索、播放、下载、储存等，甚至可以借助作曲软件自己创作乐曲或为自己喜欢的诗词谱曲，并在网上发布。DV爱好者也越来越多，人们开始热衷于用自己的视角去摄录自己周围的生活片断，再用视频编辑软件对影像进行各种处理并最终制作成碟片，在电视上播放，体验自己制作小电影的乐趣，并可以在网上发布。

（一）模拟音频与数字音频

声音是携带信息的重要的媒体，而多媒体技术的一个主要分支便是多媒体音频技术。数字化音频包括语音和音乐。在多媒体应用系统中可以通过声音直接表达或传递信息、制造某种效果和气氛以及演奏音乐等。如今，计算机装上“耳朵”(麦克风)，使计算机能听懂并理解人们的讲话，实现语音识别；计算机安上“嘴巴”及“乐器”（扬声器)，使计算机能够讲话和奏乐，实现语音和音乐合成。

声音是由物体振动引发的一种物理现象。声音是通过一定介质(空气、水等)传播的一种连续的波，是一个随着时间连续变化的模拟信号，在物理学中称为声波。

在多媒体技术中，人们通常将处理的声音媒体分为3类：

1.波形声音(wave)：是自然界中所有的声音的复制，是声音数字化的基础。实际上已经包含了所有声音形式，这是因为计算机可以将任何声音信号通过采样、量化而数字化，并可以准确地将其恢复。

2.语音(voice)：语音也可以表示为波形声音，但波形声音表示不出语音的内涵。语音是对讲话声音的一次抽象。人的说话声不仅仅是一种波形声音，而且还通过语气、语速、语调携带着比文本更加丰富的信息。这些信息往往可以通过特殊的软件进行抽取，所以人们把它作为一种特殊的媒体单独研究。

3.音乐(music)：音乐与语音相比更规范一些，是符号化了的声音。乐谱是符号化声音的符号组，表示比单个符号更复杂的声音信息内容。

从听觉角度讲，声音媒体具有3个要素，即音调、音强和音色。

1.音调：与声音的频率有关，频率越高，音调就越高。所谓声音的频率是指每秒钟声音信号变化的次数，用赫兹Hz表示。人的听觉范围大约在20Hz～20kHz之间，这个频率范围内的信号被称为音频（或声音)，多媒体技术主要研究的是这部分信息的使用；另外，人的发声器官可以发出80Hz～3400Hz频率范围的声音，但人们平时说话的频率范围在300Hz～3000Hz之间。在采集声音信号时，可以滤掉相应频率范围之外的噪音。

2.音强：又称为响度，它取决于声音的振幅，振幅越大，声音就越响亮。

3.音色：音色是由于波形和泛音的不同所带来的一个声音属性。

声音的传播是以声波形式进行的，是一种机械运动方式，但是声音难以进行远距离传送，也难以将它直接存储起来。为了将声音存储并传输，通常用电声传感器将声音的变化转变为电压或电流的变化，再对这个变化的电量进行放大、存储和传输。由于这些信号是模拟信号并且所用的输入、输出设备都是以模拟方式工作的，如麦克风和音箱等，但是在计算机中这些信号必须以数字化形式存在，所以为了在多媒体计算机系统中对声音信号存储、传输，就必须把模拟音频信号数字化，形成数字音频。

为了使声音信号数字化，必须首先在时间轴和幅度两个方面进行离散化，转换成有限个数字表示的离散序列，即数字音频序列，这就是音频数字化。这一处理过程涉及采样、量化和编码。

采样过程就是在时间轴上将模拟音频信号离散化的过程。这个过程一般按均匀的时间间隔进行，将通常的模拟音频信号的电信号转换成二进制0和1，这些0和1就构成了数字音频文件。采样的时间间隔决定了采样频率。采样频率就是每秒钟所采集的声波样本的次数。采样频率越高，则经过离散数字化的声波就越接近于其原始的波形。这意味着声音的保真度越高，声音的质量越高，与之相对应的就是信息存储量越大。根据奈奎斯特采样定律，只要采样频率高于信号最高频率的2倍，就可以完全从采样恢复原始信号波形。目前，通用的标准采样频率有：11.025kHz、22.05kHz、44.1kHz等。

在采样过程中还涉及一个重要的概念——声道数。声道数是指所使用的声音通道的个数，也是指一次采样所产生的声波个数。单声道（单音）只产生一个声音波形，双声道(立体声)产生两个声道的波形。立体声听起来要比单音丰满优美，但需要两倍于单音的存储空间。

量化过程就是对模拟音频信号的幅度进行离散化，是音频数字化的第二个离散过程。对声波每进行一次采样，其声音幅度的值用一个二进制位数表示，此二进制位数称为量化位数(比特数)。将所有采样点的幅度值划分为有限个阶距(量化步长)的集合，并用二进制来表示这一量化值，若每个量化阶距是相同的，即量化值的分布是均匀的，称之为线性量化，否则称为非线性量化。量化位数的大小决定了声音的动态范围，即被记录的声音最高和最低之间的差值。量化位数越高，音质越好，数据量也越大。例如，8位量化位数可以表示28即256个不同的量化值，16位量化位数则可表示216即65536个不同的量化值。

采样量化的结果将用所得到的数值序列表示原始的模拟声音信号，这就是将模拟声音信号数字化的基本过程，如下图所示。

声音的模拟信号 ——→ 采样 ——→ 量化 ——→ 声音的数字信号

图2-1 模拟音频到数字音频的转换

数字音频质量的好坏主要取决于采样频率、量化位数和声道数等因素。数字音频信号的数据量也取决于采样频率、量化位数和声道数等因素，其计算公式如下：

V=fBsm/8

式中：V—数据量，f—采样频率，B—量化位数，s—声道数，m—声音时间。

（二）数字音频格式与压缩编码

在多媒体技术中数字音频的文件格式主要有WAV、MP3、WMA、MIDI等。

1.WAV文件

WAV文件是Microsoft和IBM共同开发的PC标准数字音频格式。WAV文件的扩展名为.wav，称为波形文件。对声音的模拟信号进行采样，然后进行量化，将这些点的采样值转换成二进制数，以某种文件格式保存成文件，这样就产生了WAV文件。在适当的软、硬件条件及计算机控制下，使用WAV文件能够重现各种声音。由于没有采用压缩算法，因此无论进行怎样修改和剪辑都不会失真，而且处理速度也相对较快，主要用于自然声音的保存与重放。

其特点是：声音层次丰富、还原性好、表现力强，如果使用足够高的采样频率，其音质极佳。对波形文件的支持是迄今为止最为广泛的，几乎所有的播放器都能播放WAV格式的音频文件，而电子幻灯片、各种算法语言，多媒体工具软件都能直接使用。但是，波形文件的数据量比较大，相应的所需存储空间也就大，不适合长时间的记录，必须采用适当的方法进行压缩处理。

2.MP3文件

MP3(MPEG Audio Layer 3)文件是按MPEG标准的音频压缩技术制作的数字音频文件，它是一种有损压缩。通过记录未压缩的数字音频文件的音高、音色和音量等信息，在它们的变化相对不大时用同一信息替代，并且用一定的算法对原始的声音文件进行代码替换处理，这样可以将原始数字音频文件压缩得很小，可达到12:1的压缩比。因此，一张可以存储16首歌曲的普通CD光盘，如果采用MP3文件格式则可以存储大约160首CD音质的MP3歌曲。

使用MP3播放工具对MP3文件进行实时解压缩，高品质MP3声音就播放出来了。但是MP3播放软件要进行大量的运算，对系统有一定的要求。MP3文件的理想播放器是Winamp，当然也可以使用其他媒体播放工具。

3.WMA文件

WMA(Windows Media Audio)文件是Windows Media格式中的一个子集，表示Windows Media音频格式。而Windows Media格式是由 Microsoft Windows Media 技术使用的格式，包括音频、视频或脚本数据文件，可用于创作、存储、编辑、分发、流式处理或播放基于时间线的内容。

WMA文件可以在保证只有MP3文件一半大小的前提下，保持相同的音质。同时，现在的大多数MP3播放器都支持WMA文件。

4.MIDI 文件

MIDI(Musical Instrument Digital Interface)是乐器数字接口的缩写，它是由世界上主要电子乐器制造厂商建立起来的一个通信标准，以规定计算机音乐程序、电子合成器和其他电子设备之间交换信息与控制信号的方法。MIDI 文件记录的不是音乐的声音信息，而是音乐事件。它不对音乐的声音进行采样，而是将每个音符记录为一个数字，在回放的过程中通过MIDI 文件中的指令控制MIDI 合成器将这些数字重新合成音乐。这些控制指令包含指定发声乐器、力度、音量、延迟时间和通信编号等信息。

由于MIDI 文件记录的是一系列指令而不是数字化后的波形数据，因此它占用存储空间比WAV 文件要小很多，可以满足长时间音乐的需要。所以预先装入MIDI 文件比装入WAV文件要容易得多，这为设计多媒体作品和指定何时播放音乐带来很大的灵活性，但是MIDI 文件的录制比较复杂，需要某些专业知识，并且还必须有专门工具，如键盘合成器等。

模拟音频信号经过采样、量化过程，使信息离散化即数字化。数字化后的音频信息很大，占用很大的存储空间，为了减少存储量，便于在计算机或网络上存储和传输，必须对音频信息进行压缩编码处理，形成一定字长的数字序列。在播放之前再经过解码处理，恢复成原来的声音信号。

音频信号能进行压缩编码的基本依据有两个，一是声音信号中存在很大的冗余度，通过识别和去除这些冗余度，以达到压缩编码的目的；二是人的听觉具有一个强音能抑制一个同时存在的弱音的现象，以及人耳对低频端比较敏感而对高频端不太敏感的现象，通过识别和去除这些弱音以及高频端的某些声音，也可以达到压缩编码的目的。

音频信号的压缩编码方法有很多种，如下图所示，可分为有损压缩和无损压缩，有损压缩又分为波形编码、参数编码和同时利用这两种技术的混合编码。

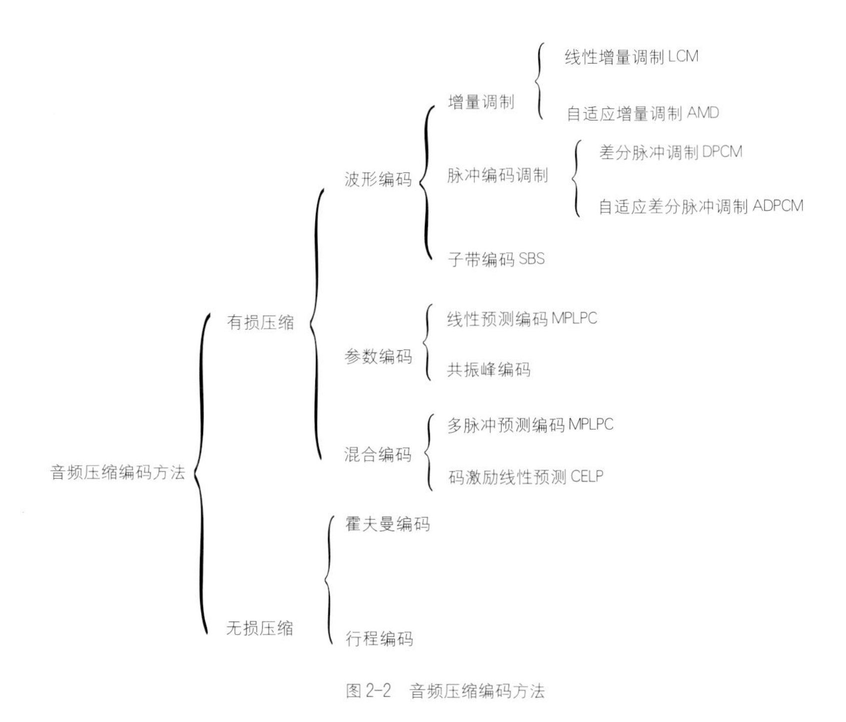

图 2-2　音频压缩编码方法

（三）模拟视频与数字视频

视频是各种媒体中携带信息最丰富、表现力最强的一种媒体。当今计算机不仅可以播放视频，而且还可以精确地编辑和处理视频信息，这就为广大用户有效地控制视频并对视频节目进行再创作，提供了展现艺术才能的大舞台。

所谓视频(video)就是指连续的随时间变化的一组图像。在视频中，一幅幅单独的图像称为帧（frame），而每秒钟连续播放的帧数称为帧速率，单位是帧 / 秒(f/s)。典型的帧速率是 24 f/s、25 f/s 和 30 f/s，这样的视频图像看起来才能达到顺畅和连续的效果。通常伴随着视频图像的还有一个或多个音频轨，以提供音效。

常见的视频信号有：电影和电视。

这种传统的视频信号是模拟视频信号。模拟视频的图像和声音信息是由连续的电子波形表示的，如录像带中的信号。普通的视频，如NTSC、PAL或SECAM制式电视视频信号都是模拟的，而计算机只能处理和显示数字信号，因此在计算机使用NTSC、PAL或SECAM制式电视信号前，必须进行数字化处理，这涉及视频信号的扫描、采样、量化和编码。也就是说，光栅扫描形式的模拟视频数据流进入计算机时，每帧画面均应对每一像素进行采样，并按颜色或灰度量化，故每帧画面均形成一幅数字图像。对视频按时间逐帧进行数字化得到的图像序列即为数字视频。因此，可以说图像是离散的视频，而视频是连续的图像。

视频和动画都是由一系列的帧（frame）组成的，相邻帧的画面很相似，但并不相同。当以一定的帧速率将这些帧播放出来时，画面就产生了动感。帧速率越大，动态图像就越平滑，图像的质量也就越高。多媒体中视频最高帧速率为 30 f/s ，这与标准电影和电视的帧速率相同，但实际上一般达到 15 f/s 就会使人感觉它在动了。视频和动画的不同之处在于——视频是由摄像机摄入的真实情况，如果不是数码摄像机的话，它的制作需要专门的视频卡；而动画是由绘画而产生的动态图像。此外，生成视频和动画的软件工具也不同。

（四）数字视频格式与压缩编码

在多媒体技术中数字音频的文件格式主要有AVI、MOV、MPEG、DAT等。

1.AVI文件

AVI是Audio Video Interleaved的缩写，它是Microsoft公司开发的一种将视频和音频信号混合交错地存储在一起的数字视频文件格式，原先用于Microsoft Video for Windows环境，现在已被多数操作系统直接支持。AVI文件格式允许音频和视频交错在一起同步播放，支持256色和RLE压缩，但AVI文件并未限定压缩标准。因此，AVI文件格式只是作为控制界面上的标准，不具有兼容性，用不同压缩算法生成的AVI文件，必须使用相应的解压缩算法才能播放出来。AVI文件目前主要应用在多媒体光盘上，用来保存电影、电视等各种视频信息，有时也出现在

Internet 上，供用户下载并欣赏新影片的精彩片断。

2.MOV 文件

MOV 文件是 Apple 公司在其生产的 Macintosh 机中推出的视频文件格式，其相应的视频应用软件为 Apple's QuickTime for Macintosh，该软件的功能与 Microsoft Video for Windows 类似。随着大量原本运行在 Macintosh 上的多媒体软件向 Windows 环境移植，导致了 QuickTime 视频文件的流行。同时 Apple 公司也推出了适用于 PC 机的视频应用软件 Apple's QuickTime for Windows，因此在 PC 机上也可以播放 MOV 视频文件。

3.MPEG 文件

MPEG 文件是一种运动图像压缩算法的国际标准，它采用有损压缩方法减少运动图像中的冗余信息，同时保证 30 帧 / 秒的图像动态刷新率。现在市场上销售的 VCD、DVD 均是采用 MPEG 技术，MPEG 压缩标准是针对运动图像而设计的，其基本方法是在单位时间内采集并保存第 1 帧信息，然后只存储其余帧相对第 1 帧发生变化的部分，从而达到压缩的目的。它主要采用两个基本压缩技术，即运动补偿技术和变换域压缩技术，运动补偿技术实现时间上的压缩，变换域压缩技术实现空间上的压缩。MPEG 的平均压缩比为 50:1，最高可达 200:1，压缩效率非常高，同时图像和音响的质量也非常好，且在微型机上有统一的标准格式，兼容性强。

4.DAT 文件

DAT 文件是 VCD 和卡拉 OK CD 的数据文件格式，也是基于 MPEG 压缩算法的一种文件格式。

模拟视频数字化后存入计算机的数字视频信息若不进行压缩，它所占用的空间非常大。比如对于一段时间长度为半分钟，图像尺寸为 640 × 480 像素，30f/s 的非压缩彩色视频的数据量为 30 × 30 × 640 × 480 × 24/8=829440000B，约为 791MB(未含音频信息)。由此可见，在视频信息处理及应用过程中压缩和解压缩技术是十分重要的。

运动图像压缩存在两个基本问题：怎样区分图像是运动的还是静止的？如果是运动图像，又如何提取图像中的运动部分？可以采用某种方式比较视频图像中相邻的两帧，得到上述两个问题的答案。假设在进行运动图像压缩时，点对点地比较当前帧和前一帧，那么没有改变的点比较后其值为 0，而发生变化的点比较后其值不为 0，这样只需选择那些经比较后不为 0 的点传送到压缩系统，同时传送信息告诉它这些点位于何处。当然，也可以把一幅图像分成许多块，检测每一块中是否存在着运动。若发现某块无运动，则告诉编码器维持前一帧模样；若某一块存在着运动，则对该块实行变换，并向编码器传送适当的信息，再通过反变换重新生成该块图像。

MPEG 是 Moving Picture Experts Group 的缩写，译为运动图像专家组。MPEG 专家组从 1988 年开始，每年召开 4 次左右的国际会议，主要内容是制定、修订和发展 MPEG 系列多媒体标准。已经和正在制定的标准包括：视音频编码标准 MPEG-1 和 MPEG-2、基于视听对象的多媒体编码标准 MPEG-4、多媒体内容描述标准 MPEG-7、多媒体框架标准 MPEG-21。目前，MPEG 系列国际标准已经成为影响最大的多媒体技术标准，对数字电视、视听消费电子产品、多媒体通信等信息产业中的重要产品将产生深远的影响。

二、数字音频处理

(一)用 Windows 的“录音机”获取音频信息

1.把麦克风插头插入声卡的麦克风插口“MIC”上并确认已经连接好。

2.单击“开始—所有程序—附件—娱乐—录音机”命令，启动录音机，如图2-3。

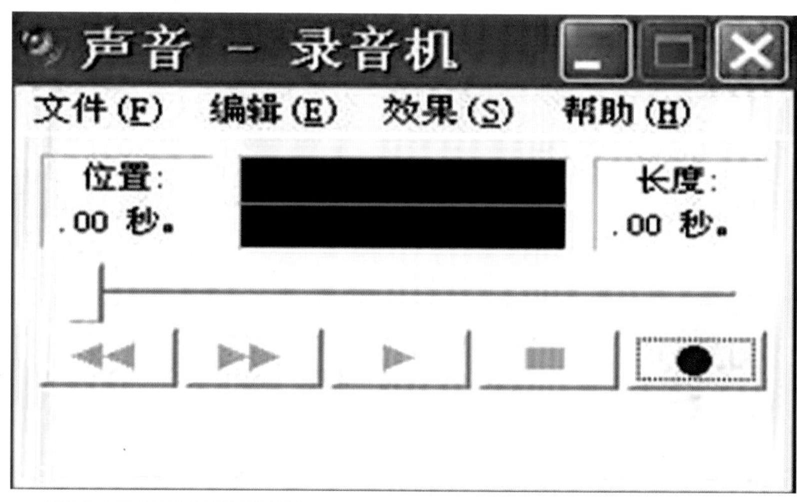

图2-3 Windows 的录音机应用程序

3.新建一个文件并单击“录音”按钮。

4.录音过程中可以调整“Volume Control”里面的参数设置，也可以调整麦克风与嘴巴之间的距离，使模拟示波器中声音的平均值在最大值的一半左右。

5.录制结束单击“停止”按钮并选择“回放”试听录制效果。

6.如果效果满意可以将录制结束的声音“另存为”到一个特定的文件夹中。

7.保存的文件格式为.wav 格式，完成音频信息的获取。

Windows 自带的“录音机”应用程序小巧实用，对于简单的音频信息的获取快捷方便，深受大众喜欢。但是它最大的缺点是每次只能录制60秒钟，如果要进行长时间的音频获取则需要多次单击“录音”按钮。

(二) 用 Nullsoft 的 Winamp 播放音频信息

除了Windows 系统内置的媒体播放器 Windows Media Player 之外，还有许多的专门用来播放各种媒体文件的工具，它们在相对的领域里比 Windows 系统内置的更方便、更专业。其中 Winamp 是 Nullsoft 公司推出的专业音频播放器，目前使用非常广泛。Winamp5 的界面如图 2-4。

使用Winamp软件可以任意添加和删减音频文件，任意选择当前播放音频文件，任意调整播放进程和音量大小等，结合插件可以实现更多功能。结合Minilyrics 迷你歌词软件，可以在听歌的同时同步显示歌词，一边工作一边享受音乐，这真的很棒，如图 2-5。

图 2-4 Nullsoft 的 Winamp 软件

图 2-5 Minilyrics 软件与 Winamp 软件的结合

（三）用 Syntrillium 的 Cool Edit Pro 编辑音频信息

Cool Edit Pro 是美国 Syntrillium Software Corporation 公司开发的一款功能强大的音频编辑软件。它不仅能高质量地完成录音、编辑、合成等多种任务，还能对它们进行降噪、扩音、淡入淡出、立体环绕等特殊处理。编辑制成的音频文件可以直接保存为 wav 格式，也可以直接压缩保存为 mp3、rm 格式。Cool Edit Pro 2.0 的界面如图 2-6。

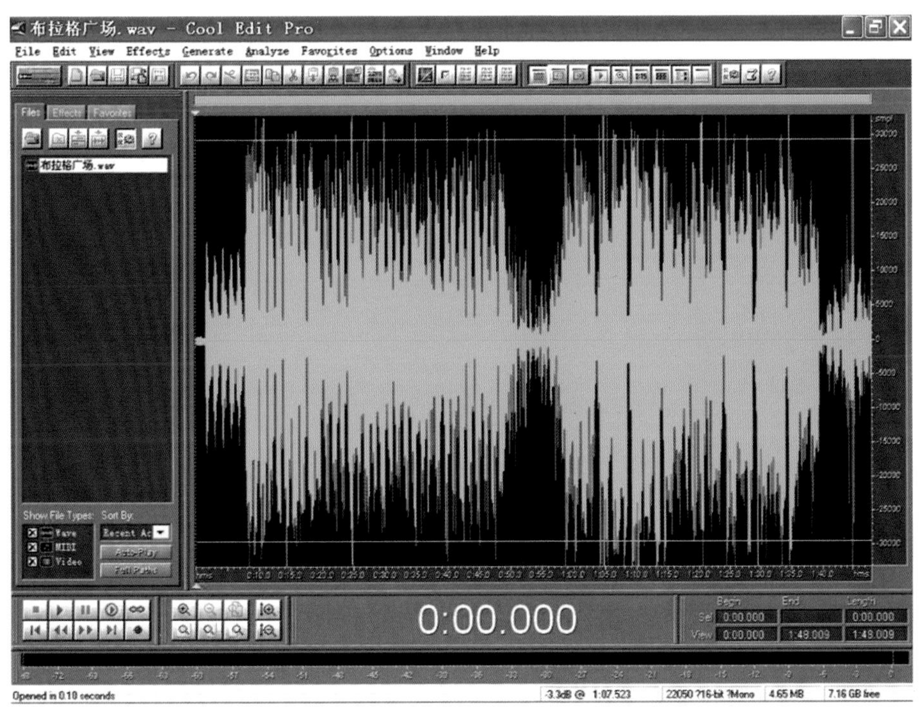

图 2-6 Syntrillium 的 Cool Edit Pro 软件

1.启动Cool Edit Pro 2.0，并打开一个音频文件，最好是.wav格式的文件（例如用“录音机”所获取的），可以看到的界面如上图。

2.首先消减噪声，依次选择“效果（Effects）—噪音（Noise）—衰减（Reduction）”命令，就会弹出降噪器（Noise Reduction）的对话框界面，如图2-7。

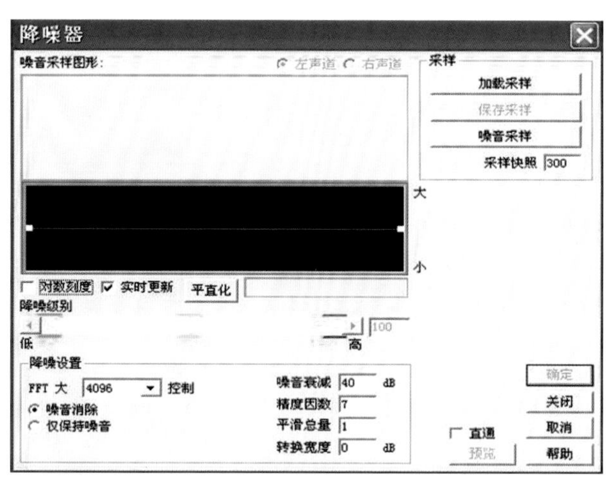

图2-7 Cool Edit Pro的降噪器对话框

3.调整对话框界面中各个参数值，例如采样快照（Snapshots in profile）调为800，FFT尺寸（FFT Size）调为8192，精度因数（Precision Factor）调为10，平滑总量（Smoothing Amount）调为10，调整好各个参数后点击噪音采样（Get Profile from Selection）按钮，很快出现噪音样本的轮廓图。

4.关闭窗口试听效果，噪音是不是消减了？不满意还可以再调整参数，考虑到处理的音频文件在获取时音源、录音设备与录音场合不同，所以需要反复的调试才能达到一个满意的效果。

5.然后自制一个卡拉OK伴奏文件。这里需要.wav格式的文件。依次选择“效果（Effects）—扩充（Amplitude）—声道重混缩（Channel Mixer）”命令，就会弹出声道重混缩（Channel Mixer）的对话框界面，如图2-8。

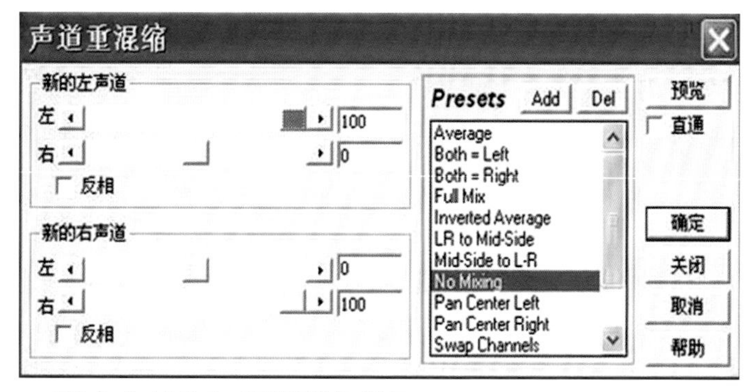

图2-8 Cool Edit Pro的声道重混缩对话框

6.修改对话框界面中参数值，例如当前状态（Presets）设为声音剪切（Vocal Cut）。关闭对话框试听一下效果，人声几乎没有了，但好像一些乐器的声音也被消减了。

7.那么只有从原曲中抽取这部分内容了。在做下一步之前，把刚刚做好的音频文件保存一下。

8.将源文件重新打开，依次选择“效果（Effects）—过滤器（Filters）—图形均衡器（Graphic Equalizer）”命令，就会弹出图形均衡器（Graphic Equalizer）的对话框界面，如图2-9。

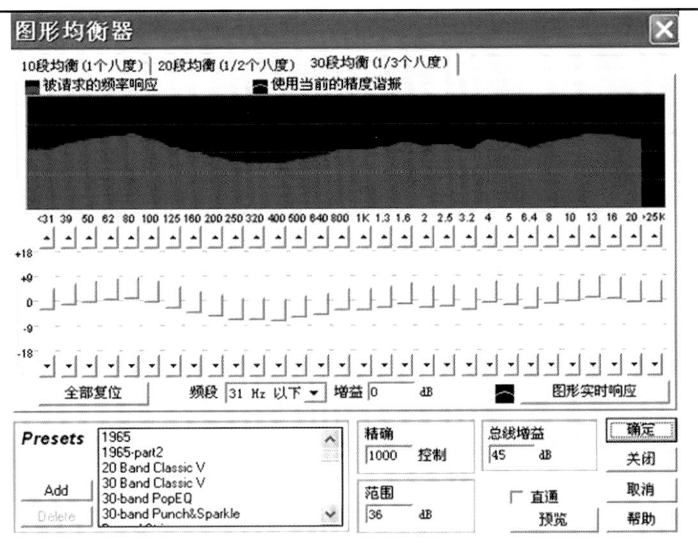

图2-9　Cool Edit Pro的图形均衡器对话框

9.调整对话框界面中各个参数值，例如选择30段均衡视窗，调整增益范围，图中正负45dB，中间的10增益控制基本上就是人声的频率范围，将人声覆盖的频段消减至最小，边调节边试听，直到人声几乎没有就可以了。在做下一步之前，把刚刚做好的音频文件也保存一下。

10.单击“多点交换（Switch Multi）—轨道观察（track View)”按钮，打开多轨编辑视窗，如图2-10。

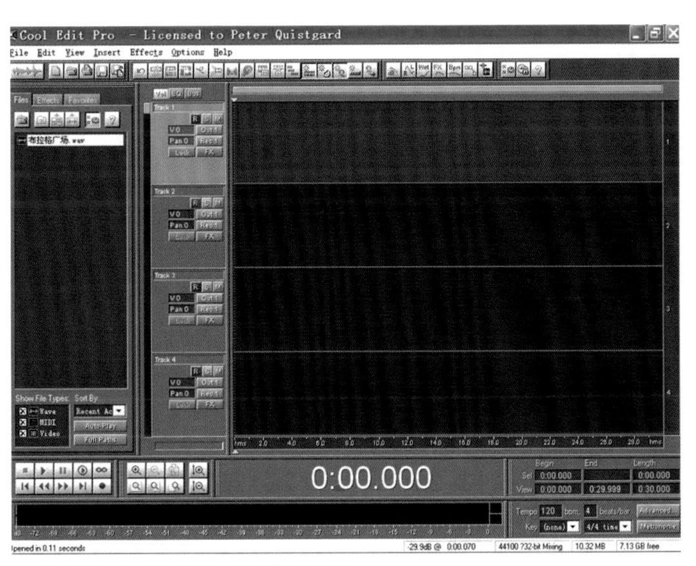

图2-10　Cool Edit Pro的多轨编辑视窗

11.将时间指针停在开始处以便于多轨音频对齐。在第一轨中按鼠标右键点击Insert项中的Wave from File，选择前面处理好的消除人声后的音频文件插入第一轨，再在第二轨中同样按鼠标右键插入均衡处理后的音频文件。两个文件插入好之后，播放试听效果，不行的话就分别调整这两轨的音量。

12.最后满意了，那么在Edit菜单中选择Mix Down to File—All Waves，将两轨混合输出为另一个文件。等混音结束后，将其保存即可使用了。

用这种方法不可能完全地消除人声，不过作为个人卡拉OK伴奏文件是完全可以了。其实Cool Edit Pro激动人心的功能莫过于可以随意添加音效。诸多音效的编辑合成就有待大家的共同发现与发展了。

三、数字视频处理

（一）数字视频信息的获取

数字视频信息的获取方法很多，大体上说有两类：一类是由模拟视频信息转化获取；一类由数字视频设备直接获取。目前流行的数字摄像头就属于后一类。

数字摄像头是一种新型的多媒体外部设备和网络设备，它利用镜头采集图像，内部电路将图像直接转换成数字信号输入到计算机，而不像模拟视频设备需要视频卡进行模拟信号到数字信号的转换。其小巧的外形和较好的图像效果等特点，已逐渐受到越来越多人的欢迎。此外，随着计算机网络的迅速拓展，为数字摄像头提供了一个更广阔的舞台，可以利用数字摄像头捕获静止图像和运动图像，通过网络传送出去，使网络沟通更加快捷和直观。

数字摄像头作为一种多媒体计算机辅助配件，要发挥它的作用必须要有软件来支持。大多数数字摄像头都有一个专用控制程序，实现其基本功能，如拍照、摄像、管理影像文件等。另外，很多品牌的摄像头都在随机光盘中附赠有一个 VP-EYE 软件，这是集多种应用程序于一体的组合套装软件，如下图。

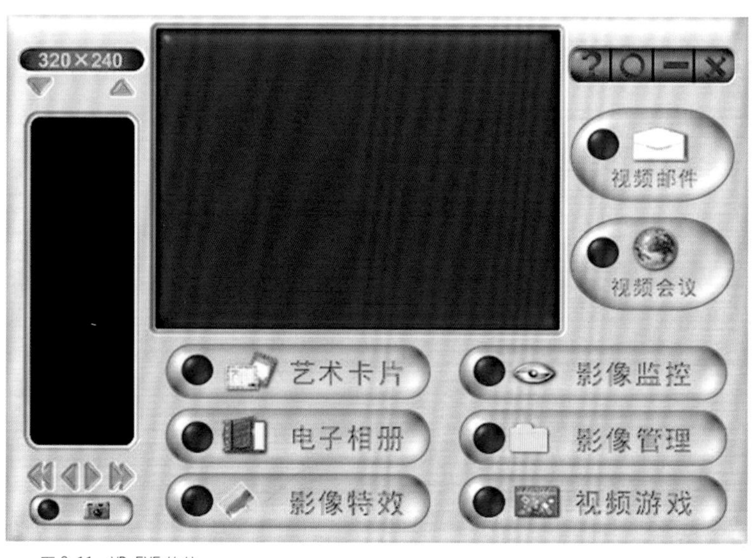

图 2-11 VP-EYE 软件

VP-EYE 的功能非常强大，它内置有：视频邮件、视频会议、艺术卡片、电子相册、影像特效、影像监控、影像管理和视频游戏八项非常实用的应用软件。在 VP-EYE 中还“隐藏”有一个非常实用的程序——Amcap，这是一个小巧的视频音频捕获软件。它支持DirectX9.0，能兼容大多数摄像头。

在进行视频录像前，首先要进行录像文件的设置，依次选择“File—Set Capture File”命令，弹出 Set Capture File 对话框，设置录像文件的保存路径及文件名，注意文件名一定要加上后缀.avi，否则保存后的文件将不能被识别。

然后选择“Options—Video Capture Filter”命令，设置视频设备的属性，选择“Options—Video Capture Pin”命令，设置视频文件的输出大小（例如选择 320 × 240）以及相应的视频的帧率（例如选择 320 × 240 帧率一般为 15-35f/s）。

一切准备就绪后，点击菜单 Capture 下的 Start Capture，开始捕获视频；停止录制时，只要点击菜单 Capture 下的 Stop Capture，即可停止捕获。在 Set Capture File 中设置的录像文件保存路径中就可以找到刚刚录制的这段数字视频了。

当然，用摄像头玩视频录像有很多不足，比如：硬件上的低档次不能达到满意的图像质量，摄像头一定要与电脑相连，只能摄制电脑附近的景象，距离电脑远一点画面就无法企及了。如果为了艺术或宣传的需要，在经济条件也允许的情况下，还是数码摄像机更加方便和专业。

（二）数字视频信息的播放

1.Windows 系统内置的媒体播放器 Windows Media Player

Windows Media Player 是微软公司开发的一个功能强大且易于使用的媒体播放器，可以播放多种格式的音频和视频文件并可以有多种调整设置，使用非常广泛。

2.RealNetworks 公司的 RealOne Player

随着网络的发展和 Internet 的全球普及，网络媒体也逐渐被越来越多人所熟悉和喜爱。RealNetworks 公司开发的 RealOne Player 是网上收听收看实时音频视频的常用工具。RealOne Player 除了支持 RealMedia 格式的音频视频文件外，还支持 MPEG 格式的视频文件，使用也非常广泛。

3.Apple 公司的 QuickTime Player

QuickTime Player 是 Apple 公司开发的，最初在 Macintosh 机中使用，其功能与 Media Player 类似。随着大量原本运行在 Macintosh 上的多媒体软件向 Windows 环境移植，导致了 QuickTime 视频文件的流行，同时 Apple 公司也推出了适用于 PC 机的版本。这样，QuickTime Player 成为在 Macintosh 机与 PC 机上同时受欢迎的数字视频播放软件。

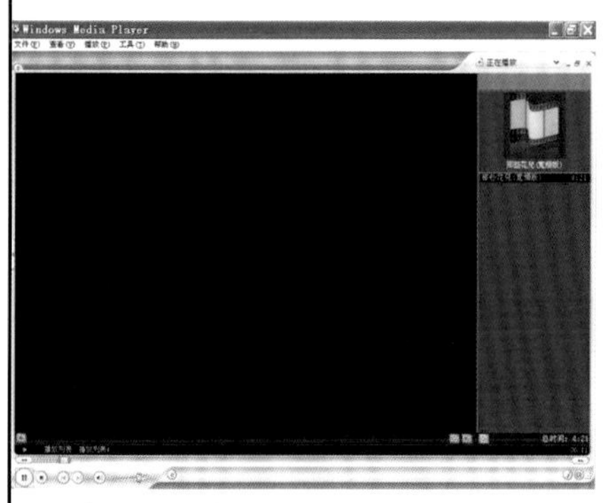

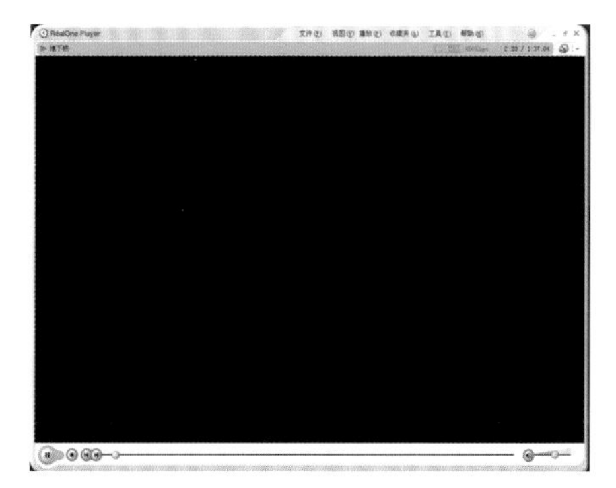

图 2-12　常用数字视频播放软件

（三）数字视频信息的编辑

随着科技的发展，电子产品的普及，DV 已经形成一股热流，并促进了数字视频编辑软件的更快发展。目前市场上的这类软件也不少，但主流产品笔者认为有两个——用于家庭娱乐的 Ulead Video Studio（会声会影）和用于专业制作的 Adobe Premiere。

Ulead的这款编辑软件会声会影是针对家庭娱乐、个人纪录片制作之用的简便型编辑视频软件。它采用目前最流行的“在线操作指南”的步骤引导方式来处理各项视频、图像素材，方便使用者快速地学习操作，如图2-13。

图2-13　Ulead Video Studio 软件

Adobe公司推出的基于非线性编辑设备的视音频编辑软件Premiere已经在影视制作领域取得了巨大的成功。现在被广泛地应用于电视台、广告制作、电影剪辑等领域，成为PC和MAC平台上应用最为广泛的视频编辑软件。它是非常优秀的视频编辑软件，能对视频、声音、动画、图片、文本进行编辑加工，并最终生成影视文件，如图2-14。

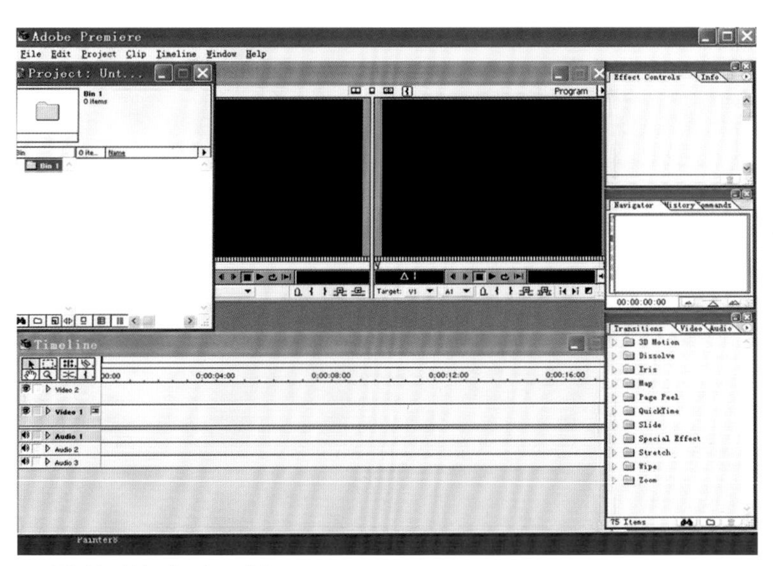

图2-14　Adobe Premiere 软件

最能吸引大众眼球的媒体是什么，无疑是影视。过去要编辑影视特技，只能由拥有昂贵设备的专业人士去进行。随着多媒体计算机软硬件系统技术的迅速发展，数字影视已逐渐进入我们的视野，如今，只要在我们的PC电脑上装上Premiere软件，就可以自己完成相对专业的影视编辑。

下面笔者简单介绍如何使用Premiere 6.5来创造多媒体作品。

1.创建工程文件

启动Premiere 6.5，就会出现预设方案Load Project Settings对话框，从预设表中选择Multimedia Video for Windows，单击OK确定，Premiere 6.5的主界面就显示出来了，如图2-14所示。操作界面上会同时显示好几个窗口，可以根据需要调整窗口的位置或开关窗口。

2.导入素材

将获取的视频等素材通过导入命令导入到工程窗口Project。

3.装配素材

在Premiere 6.5众多的窗口当中，核心的是时间窗口Timeline。在时间轴中，可以把视频片断、静止图像、声音等组合起来，并能创作各种特技效果。装配素材时可以把项目窗口中的某一段视频素材直接拖动到时间轴上，如果希望预览或精确地剪切素材，就要先用到监示窗口Monitor。

4.编辑素材

将不同的视频和音频放入不同的通道中并总体调整时间。

5.添加特效

两段视频前后衔接的时候，即一段视频结束而另一段视频紧接着开始，这就是所谓电影的镜头切换。为了使切换衔接自然或更加有趣，可以使用各种过渡效果。要运用过渡效果，可以显示Transitions过渡面板。在其中可看到详细分类的文件夹，点击需要的过渡效果，并拖到时间轴两段衔接处，Premiere就会自动确定过渡长度以匹配过渡部分，当然也可以自己设置。

Adobe Photoshop的滤镜效果是很受平面设计人士欢迎的。同为Adobe公司的Premiere也有其丰富的视频及音频滤镜。其中的视频滤镜能产生动态的扭变、模糊、风吹、幻影等特效，这些变化增强了作品的吸引力。要运用滤镜效果，需要显示Video Effect效果面板，在滤镜分类文件夹中找到需要的滤镜，并将其拖到时间轴的视频素材上，设置好参数，这时应用了滤镜的素材下方会出现一条细线。

6.添加字幕

在影视作品的开头或结尾处，一般要出现滚动的字幕，以显示相关信息，这在Premiere 6.5中能很好地实现。依次选择“File—New—Title”命令，显示文字编辑器界面，可以输入文字，调整文字的字体、颜色、渐变、阴影等，在选定的滚动字幕上点右键，选择Rolling Title Options，设置字幕滚动参数。调整好后将字幕文件命名保存，然后关闭文字编辑器。回到主界面后，在项目窗口中就可找到这个字幕文件。

7.保存工程文件

至此，影视制作基本完成，为了便于以后修改，选择保存命令将项目保存为一个后缀为.ppj的文件，在这个文件中保存了当前影视编辑状态的全部信息，方便今后的修改。最后，要做的是输出，也就是将时间轴中的各种素材合成为完整的影视作品。在菜单中选取导出文件命令，出现输出视频对话框，可以设置输出文件的属性，给作品命名并选择存放目录，单击保存即可。屏幕上会出现影视输出的进度显示框，当作品输出完成后，将自动在监视窗口中打开并播放已输出的多媒体作品。

Adobe Premiere 6.5是一个功能强大的视频编辑软件，限于篇幅这里只给出影视作品制作全部流程的概述，其中的技巧需要的是制作经验，还有你丰富的想象力。

BELLFLOWER

第三章

多媒体图形和图像处理

第三章　多媒体图形和图像处理

一、图形图像的基本概念

图形和图像是多媒体技术的重要组成部分。图形和图像是人们非常容易接受的信息媒体，常言道“百闻不如一见”，这说明图形和图像是信息量极其丰富的媒体。因此在多媒体创作中，灵活地使用图形和图像可以提供色彩丰富的画面和良好的人机交互界面。

（一）光和色

图形和图像都是视觉媒体元素。谈到视觉，自然离不开光和颜色。

光，从本质上讲是一种电磁波。通常意义上的光是指可见光，即能引起人的视觉的电磁波，它的频率在3.84 × 1014Hz ~ 7.89 × 1014Hz之间，相应的波长在780nm ~ 380nm之间。色彩，是视觉系统对可见光的感知结果。人们对于色彩的感觉过程是一个物理、生理和心理的复杂过程。

人们对颜色感觉的形成有4个要素，即光源、物体、眼睛和大脑。这4个要素不仅使人产生颜色的感觉，而且也是人能正确判断色彩的条件。人的视网膜有两类视觉细胞：一类是对微弱光敏感的杆状体细胞；另一类是对红色、绿色和蓝色敏感的3种锥体细胞，从这个意义上说，颜色只存在于人的眼睛和大脑中。

人眼对颜色的感知通常用3个参数来度量，即色调、饱和度和亮度。它们共同决定了视觉的总体效果。

色调：表示光的颜色，它决定于光的波长。某一物体的色调是指该物体在日光照射下所反射的光谱成分作用到人眼的综合效果，如红色、绿色和蓝色等。自然界中的七色光就分别对应着不同的色调，而每种色调又分别对应着不同的波长。

饱和度：也称为纯度或彩度，它是指彩色的深浅或鲜艳程度，通常指彩色中白光含量的多少。对于同一色调的彩色光，饱和度越深颜色越纯。比如当红色加进白光后，由于饱和度降低，红色被冲淡成粉红色。

亮度：表示某种颜色在人眼视觉上引起的明暗程度，它直接与光的强度有关。光的强度越大，物体就越亮，光的强度越小，物体就会越暗。

（二）图形和图像

计算机图片有两种形式，即图形和图像，它们也是构成动画或视频的基础。

图形，又称矢量图形，它是以一组指令集合的形式来描述的，这些指令给出构成该图画的所有形状的大小、位置、颜色等属性和参数。这种方法实际上是用数学方法来表示图形，然后变成许许多多的数学表达式，再编制程序用语言来表达。计算机在显示图形时从文件中读取指令并转化为屏幕上显示的图形效果。通常图形绘制和显示的软件称为绘图软件，比如CorelDraw、Freehand和Illustrator等。矢量图形是对图像进行抽象的结果，最后使用图形指令集合取代原始图像，去掉不相关的信息，并在格式上进行变换。由于大多数情况下不用对图形上的每一个点进行量化保存，所以需要的存储量较少，但显示时计算时间却较长。

图像，又称点阵图像或位图图像，它是指在空间上和亮度上已经离散化了的图像。可以把一幅位图图像理解为一个矩形，矩形中的任意元素都对应图像上的一个点，在计算机中对应于该点的值为它的灰度或颜色等级。这种矩形的元素就称为像素，像素的颜色等级越多则图像越逼真。因此，图像是由许许多多像素组合而成的。计算机上生成图像和对图像进行编辑处理的软件通常称为绘画软件，如Photoshop和Painter等。

图形与图像除了构成原理上的区别以外，还有以下几个不同点：

1.图形的颜色作为绘制图元的参数在指令中给出，所以图形的颜色数目与文件的大小无关；而图像中每个像素所占据的二进制位数与图像的颜色数目有关，颜色数目越多，占据的二进制位数也就越多，图像的文件数据量也会随之迅速增大。

2.图形在进行缩放、旋转等操作后不会产生失真；而图像有可能出现失真现象，特别是放大若干倍后可能会出现严重的颗粒状，缩小后会吃掉部分像素点。

3.图形适合于表现变化的曲线、简单的图案和运算的结果等；而图像的表现力较强，层次和色彩较丰富，适合于表现自然的、细节的景物。

总体来说，图形侧重于绘制、创造和艺术性；而图像则偏重于获取、复制和技巧性。在多媒体创作中，目前用得较多的是图像，它与图形之间可以用软件来相互转换——利用真实感图形绘制技术可以将图形数据变成图像；利用模式识别技术可以从图像数据中提取几何数据，把图像转换成图形。

（三）图像分辨率

图像只有经过数字化后才能成为计算机处理的位图。自然景物成像后的图像无论以何种记录介质保存都是连续的。图像数字化就是把连续的空间位置和亮度离散。它包括两方面的内容：空间位置的离散和数字化，亮度值的离散和数字化。

对图像作数字化的过程中，可以把一幅点阵图像考虑为一个矩阵，矩阵中的一个元素对应于图像中的一个点，而相应的值对应于该点的灰度(或颜色)等级，这是量化后得到的结果。上述数字矩阵的元素就称为像素，存放于显示缓冲区中，与显示器上的显示点一一对应，因此把数字化后的图像称为位映射图像，简称位图图像。

影响图像数字化质量的主要参数有分辨率、颜色深度等，在采集和处理图像时，必须正确理解和运用这些参数。

1.分辨率

分辨率是图像处理中的一个重要参数，直接影响到图像质量，分为屏幕分辨率、图像分辨率、像素分辨率、扫描仪分辨率和打印机分辨率等。分辨率的单位是ppi(像素／英寸)，全称是Pixels Per Inch，汉译的意思是每英寸所包含的像素数量。

屏幕分辨率——指在屏幕上的最大显示区域的像素数目，它由水平方向的像素总数和垂直方向的像素总数构成。

例如，某显示器的水平方向为800个像素，垂直方向为600个像素，则该显示器的显示分辨率为800 × 600像素。在同样大小的显示器屏幕上，显示分辨率越高，像素的密度越大，显示图像越精细，但是屏幕上的文字越小。一般屏幕分辨率是由计算机的显卡所决定的。

图像分辨率——指数字图像的实际尺寸，反映了图像的水平和垂直方向的大小。例如，某图像的分辨率为400 × 300，计算机的屏幕分辨率为800 × 600，则该图像在屏幕上显示时只占据了屏幕的四分之一。当图像分辨率与屏幕分辨率相同时，所显示的图像正好布满整个屏幕区域。图像分辨率越高，像素就越多，图像所需要的存储空间也就越大。

像素分辨率——指显像管荧光屏上一个像素点的宽和长之比，在像素分辨率不同的机器间传输图像时会产生图像变形。例如，在捕捉图像时，如果显像管的像素分辨率为1:2，而屏幕图像的显像管的像素分辨率为1:1，这时该图像会发生变形，需做比例调整。

扫描仪分辨率——是扫描仪在每英寸长度上可以扫描的像素数量，单位用dpi(点 / 英寸）来表示。不过这里的点是指样点。扫描仪的分辨率在纵向是由步进马达的精度来决定的，而横向则是由感光元件的密度来决定的。一般台式扫描仪的分辨率可以分为两种规格：第一种是光学分辨率，指的是扫描仪的硬件所真正扫描到的图像分辨率，目前市场上的产品可以达到1200dpi 以上；第二种则是输出分辨率，这是通过软件强化以及插补点之后所产生的分辨率，大约为光学分辨率的3 ~ 4倍左右。扫描时设置的扫描分辨率就是扫描后的图像分辨率，虽然分辨率越高，所呈现出来的图像质量也越高，但这导致图像文件越大，所占的内存也会越多。

打印机分辨率——也称输出分辨率，所指的是打印输出的分辨率极限，而打印机分辨率也决定了输出质量。打印机分辨率越高，除了可以减少打印的锯齿边缘之外，在灰度的半色调表现上也会较为平滑。打印机的分辨率同样以dpi(点 / 英寸)来表示，目前市场上喷墨或激光打印机的分辨率可达300dpi、600dpi，甚至1200dpi。

2.颜色深度

位图中各像素的颜色信息用若干数据位来表示，这些数据位的个数称为图像的颜色深度(又称图像深度)。对于彩色图像来说，颜色深度决定了该图像可以使用的最多颜色数目；对于灰度图像来说，颜色深度决定了该图像可以使用的亮度级别数目。颜色深度越高，显示的图像色彩越丰富，画面越自然、逼真，但数据量也随之猛增。

数字图像文件的大小可用两种方法表示：第一种是Image Size，指的是图像在计算机中所占用的随机存储器的大小；第二种则是File Size，指的是指图像保存在磁盘上存储整幅图像所需的字节数(B)。可用以下公式来计算：

图像文件的字节数 = 图像分辨率 × 颜色深度 /8

例如，一幅800 × 600的真彩色（24位）图像，它未压缩前的原始数据量为：

800 × 600 × 24/8=1440000B=1046.25KB

显然图像文件所需要的存储空间较大。因此，在进行多媒体创作时，一定要考虑图像的大小，适当地掌握图像的分辨率和颜色深度，并且对图像文件进行压缩处理，减少占用空间。

（四）图像的色彩模式

色彩模式就是定量颜色的方法。在不同的领域，人们采用的色彩模式往往不同。例如：显示器、投影机这类发光物体采用RGB模式，打印机这类吸光物体采用CMYK模式，从事艺术绘画的画家采用HSB模式，彩色电视机系统采用YUV模式，另外还有其他一些色彩模式的表示方法。

1.RGB模式：计算机显示器使用的阴极射线管CRT是一个有源物体，CRT使用3个电子枪分别产生红色(Red)、绿色(Green)、蓝色(Blue)3种波长的光，并以各种不同的相对强度综合起来产生颜色。组合这3种光波以产生特定颜色称为相加混色，因此这种模式又称RGB相加模式。在光谱中将不能再分解的色光称为单色光(如红、绿、蓝光)，将由单色光混合而成的光称为复色光(如白光)。实际上，红、绿、蓝三色光可以混合成自然界的全部色彩，而这三色光本身相互独立，所以人们常常将红、绿、蓝称为色光三原色。

2.CMYK模式：计算机屏幕显示彩色图像时采用的是RGB模式，而在打印时 般需要转换为CMYK模式。CMYK模式是使用青色(Cyan)、品红(Magenta)、黄色(Yellow)3种基本颜色结合黑色按一定比例合成色彩的方法。CMYK模式与RGB模式不同，因为色彩不是直接由来自于光线的颜色产生的，而是由照射在颜料上反射回来的光线所产生的。颜料会吸收一部分光线，而未吸收的光线会反射出来，成为视觉判定颜色的依据。利用这种方法产生的颜色称为相减混色。在处理图像时，一般不采用CMYK模式，因为这种模式的图像文件占用的存储空间较大。人们只是在印刷时才将图像颜色模式转换为CMYK模式。

3.HSB模式：RGB模式和CMYK模式都是因产生颜色硬件的限制和要求形成的，而HSB模式则是模拟了人眼感知颜色的方式，比较容易为从事艺术绘画的画家们所理解。HSB模式使用色调(Hue)、饱和度(Saturation)和亮度(Brightness)3个参数来生成颜色。

4.Lab模式：是由国际照明委员会(CIE)于1976年公布的一种颜色模型。它由3个通道组成，其中，L分量表示亮度，a分量代表了由绿色到红色的光谱变化而b分量代表由蓝色到黄色的光谱变化。Lab模式是目前所有模式中包含色彩范围(称为色域)最广的颜色模式。例如，要将RGB模式的图像转换为CMYK模式的图像，Photoshop会在内部首先将其转换为Lab模式，再由Lab模式转换为CMYK模式。

5.YUV模式：在彩色电视PAL制式系统中，使用YUV模式来表示彩色图像。其中Y表示亮度，U、V表示色度，是构成彩色的两个分量。

6.灰度模式与黑白模式：灰度模式采用8位来表示一个像素，即将纯黑和纯白之间的层次等分为256级，就形成了256级灰度模式，它可以用来模拟黑白照片的图像效果；黑白模式只采用1位来表示一个像素，于是只能显示黑色和白色。黑白模式无法表示层次复杂的图像，但可以制作黑白的线条图。

(五）图像的文件格式

常用的图像文件格式有BMP、JPEG、TIFF、GIF、PNG、EPS、PDF和PSD等，由于历史的原因以及应用领域的不同，数字图像文件的格式还有很多。大多数图像软件都可以支持多种格式的图像文件，以适应不同的应用环境。

1.BMP(Bitmap)：是Microsoft公司为其Windows系统操作系统设置的标准图像文件格式，与设备无关。由于Windows操作系统在PC机上占有绝对的优势，所以在PC机上运行的绝大多数图像软件都支持BMP格式的图像文件。

2.JPEG(Joint Photographic Experts Group)：是一种比较复杂的文件结构和编码方式的文件格式。它是用有损压缩方式去除冗余的图像和彩色数据，在获得极高压缩率的同时能展现十分丰富和生动的图像，换句话说，就是可以用最少的磁盘空间得到较好的图像质量。JPEG格式很多用于图像预览和制作HTML网页。

3.TIFF(Tag Image File Format)：是一种通用的位映射图像文件格式，几乎所有的扫描仪和多数图像软件都支持这一格式。

4.GIF(Graphics Interchange Format)：是由CompuServe公司于1987年开发的图像文件格式。它主要是用来交换图片的，为网络传输和BBS用户使用图像文件提供方便。目前，大多数图像软件都支持GIF文件格式，它特别适合于动画制作、网页制作以及演示文稿制作等领域。

5.PNG(Portable Network Graphic)：是20世纪90年代中期开发的图像文件格式，其目的是企图替代GIF和TIFF文件格式，同时增加一些GIF文件格式所不具备的特性。

6.EPS：为压缩的PostScript格式，是为在PostScript打印机上输出图像开发的。其最大优点是可以在排版软件中以低分辨率预览，而在打印时以高分辨率输出。

7.PDF：该格式是由Adobe公司推出的专为线上出版而制定的，可以覆盖矢量式图像和点阵式图像，并且支持超级链接，因此是网络下载经常使用的文件格式。

8.PSD(Photoshop Document)：是Adobe公司的图像处理软件Photoshop的专用格式。PSD其实是Photoshop进行平面设计的一张“草稿图”，它里面包含有各种图层、通道、遮罩等多种设计的样稿，以便于下次打开文件时可以修改上一次的设计。由于Photoshop越来越被广泛地应用，这种格式也逐步流行起来。

二、图形图像设计

（一）设计原则

设计原则就是多媒体设计者用各种图形图像设计元素，创作多媒体整体作品时所使用的一些原则，包括艺术性与装饰性、整体性和协调性、重复性和交错性、对称性和均衡性、对比性和调和性、节奏和变化、强调和经济、比例和分隔等。

用于图形图像制作的软件举不胜举，这里就不一一叙述了。Adobe公司的Photoshop和Illustrator毋庸置疑是业内的主流产品。Illustrator是 Adobe 公司出品的矢量图编辑软件。该软件以突破性、富于创意的选项和功能强大的工具为用户有效率地在网上、印刷品或在任何地方发布艺术作品，界定了矢量图形的未来。Photoshop是Adobe公司出品的当前计算机绘图领域中最流行的图像处理软件，它提供了强大的图像编辑和绘画功能，广泛用于数码绘画、广告设计、建筑设计、彩色印刷和网页设计等许多领域，它得到了很多艺术家和设计师的青睐。

以下综合应用Photoshop和Illustrator，完成一个小的Logo设计。

（二）用Illustrator制作Logo图像

1.打开Illustrator软件，新建一个文件，在其上将脑海里预先构思好的Logo的线条画出，绘制时可以使用画笔工具和钢笔工具，并且用直接选择工具对曲线进行调节，如图 3-1。

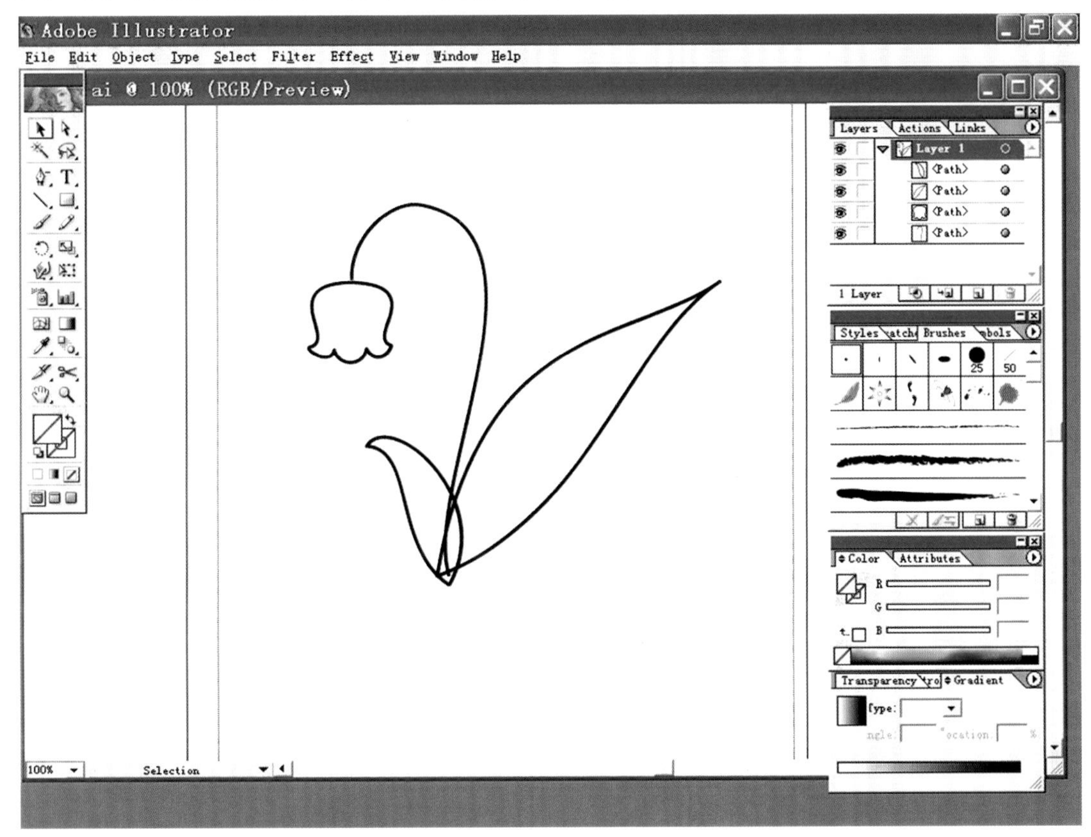

图 3-1　Illustrator 勾线

2. 使用选择工具对绘制结束的线条分别进行选择，逐个进行基本的填色处理，包括线条颜色和内部填充，两者都有透明项可选，根据设计需要进行基本填色，如图 3-2。

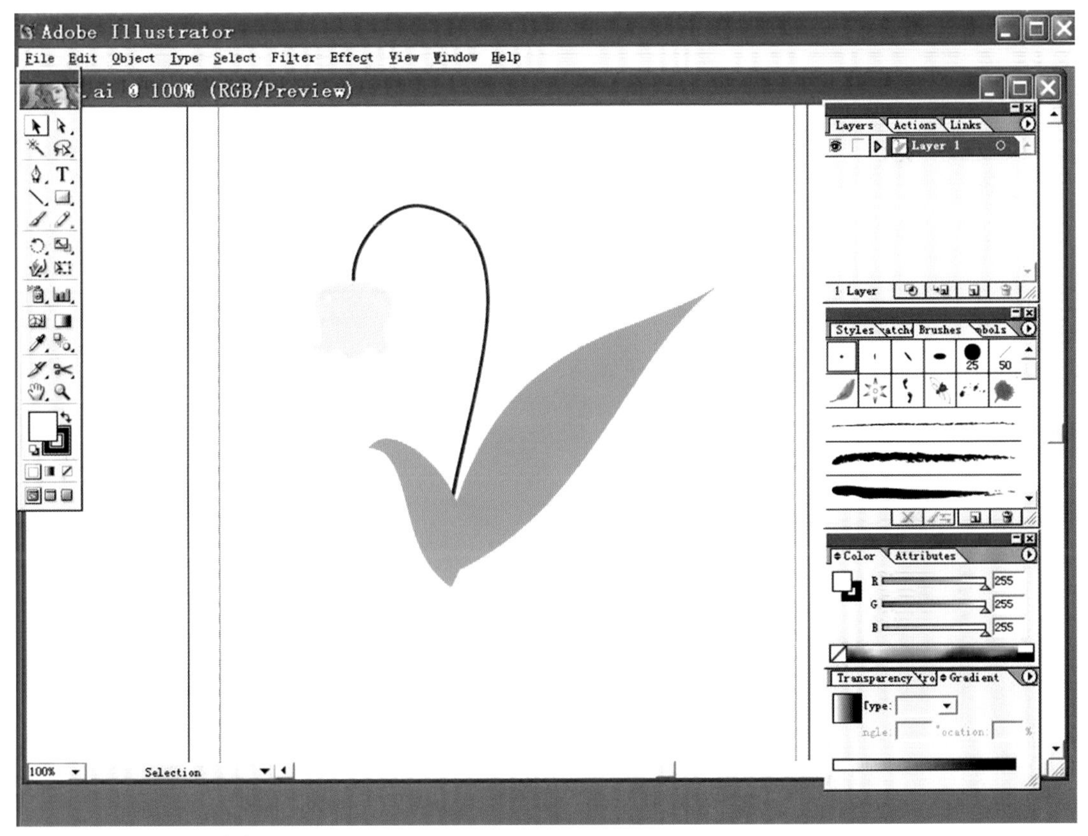

图 3-2　Illustrator 基本填色

3.预览基本填色，感觉色彩效果，然后使用渐变或者渐变网格对Logo图像进行精细的色彩处理，使画面生动起来，如图3-3。

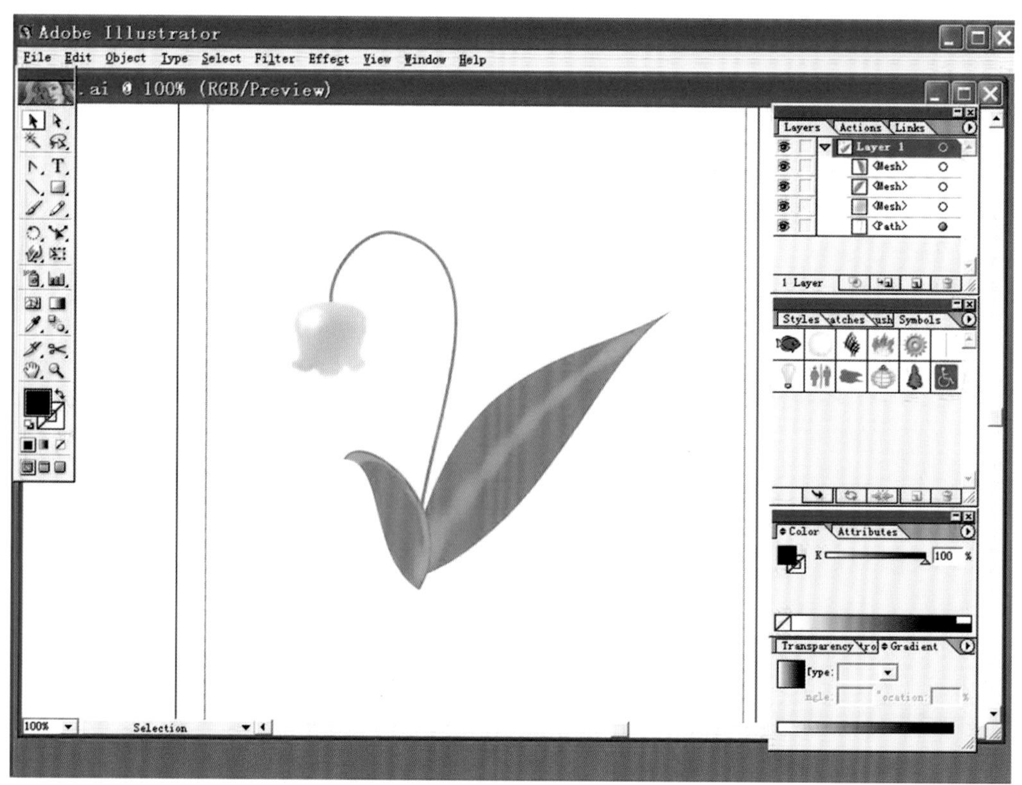

图3-3 Illustrator网格着色

4.基本的Logo构线上色结束后，可以使用Illustrator里面的滤镜和效果工具对Logo图像进行进一步加工润色。这里使用的是“效果（Effects）—风格化（Stylize）—阴影（Drop Shadow）”效果，如图3-4。

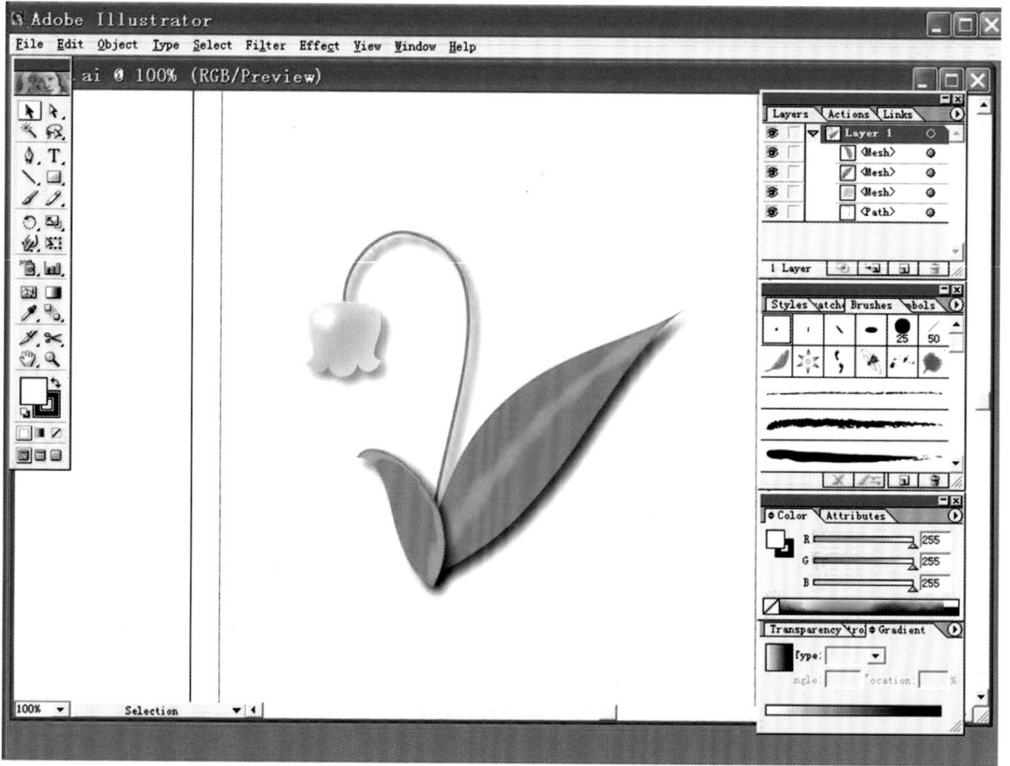

图3-4 Illustrator滤镜效果

5.在整个Logo图像处理结束后，以.AI的格式保存原文件，以便于今后的修改。保存结束后，选择“文件(File)—输出(Export)—输出PSD文件*.PSD”命令，注意参数选择透明背景，将矢量设计结果导出为位图软件Photoshop的默认格式，便于下一步的操作。关闭Illustrator。

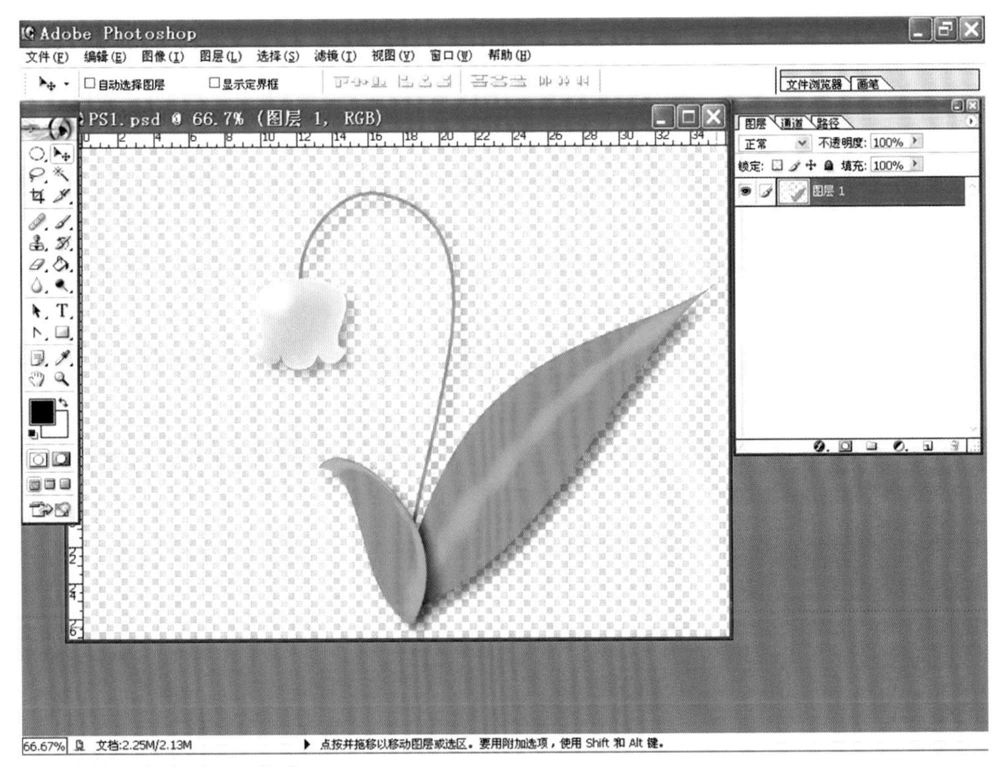

图 3-5 Photoshop 打开透明图像

(三) 用 Photoshop 制作 Logo 文字并合成图文

1.打开Photoshop软件，并且打开刚刚导出的那个文件，那么Illustrator里面制作的矢量图像现在已经以像素图像的形式透明背景显示在屏幕上了，如图3-6。

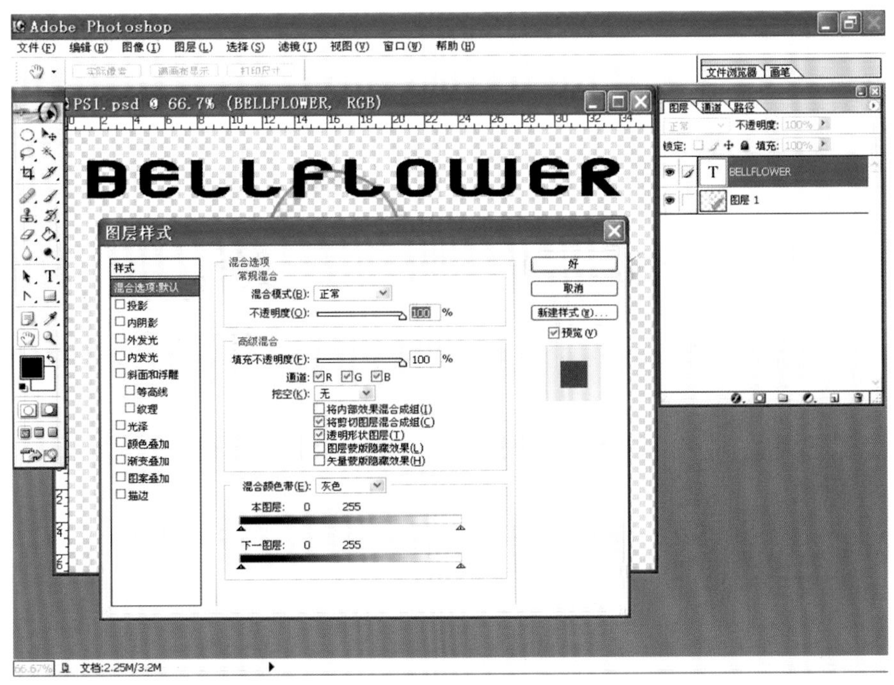

图3-6 Photoshop输入对应文字

2.新建一个图层，选择文字工具，输入Logo文字的内容，并且调整字体的样式和大小。双击文字图层，打开图层样式面板，如图3-7。

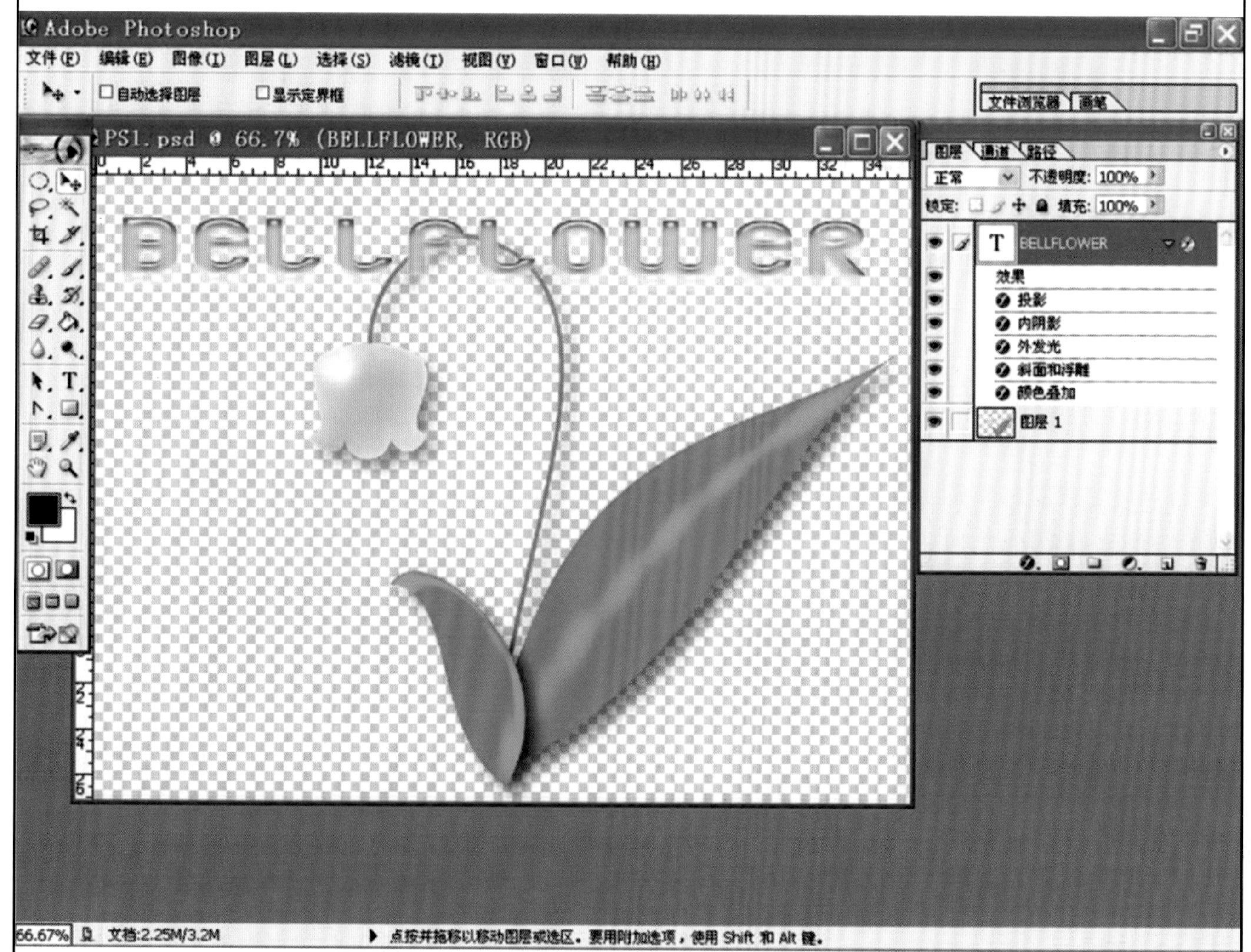

图3-7 Photoshop文字处理效果

3.在图层样式面板中，依次选择“投影(Drop Shadow)”—“颜色叠加(Color Overlay)”—“内阴影(Inner Shadow)”—“外发光(Outer Glow)”—“斜面和浮雕(Bevel and Emboss)”—“线性编辑(Contour)”六个分面板，调整各个参数，达到Logo文字的设计效果。六个分面板的参数设置如图3-8。

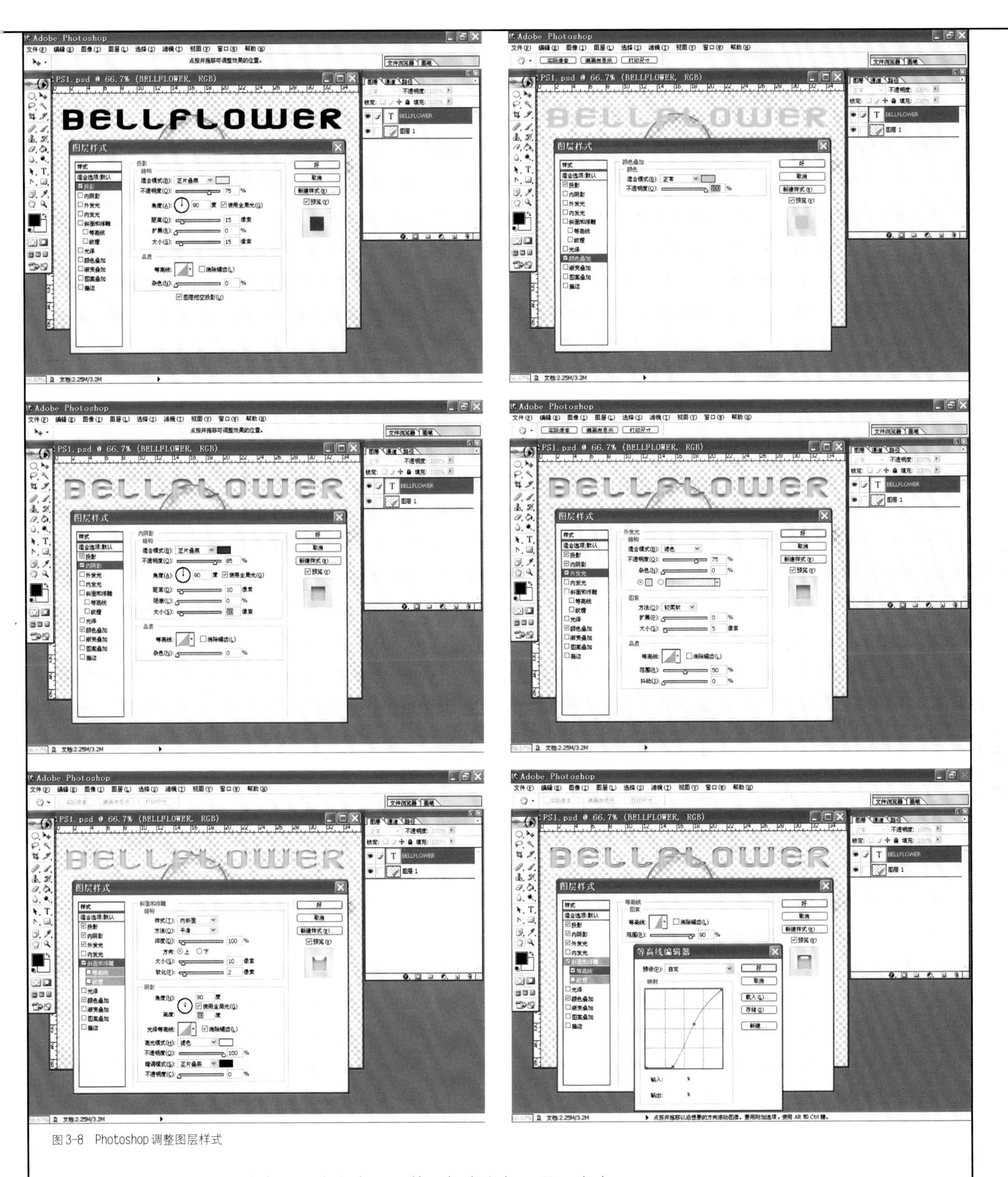

图 3-8　Photoshop 调整图层样式

4. 图层样式面板设置结束后，在文字图层的层标志上便可显示出来。

5. 调整设计好的 Logo 文字的大小和位置以及图层透明度等因素，以配合 Logo 图像，合成统一的整体，如下图 3-9。

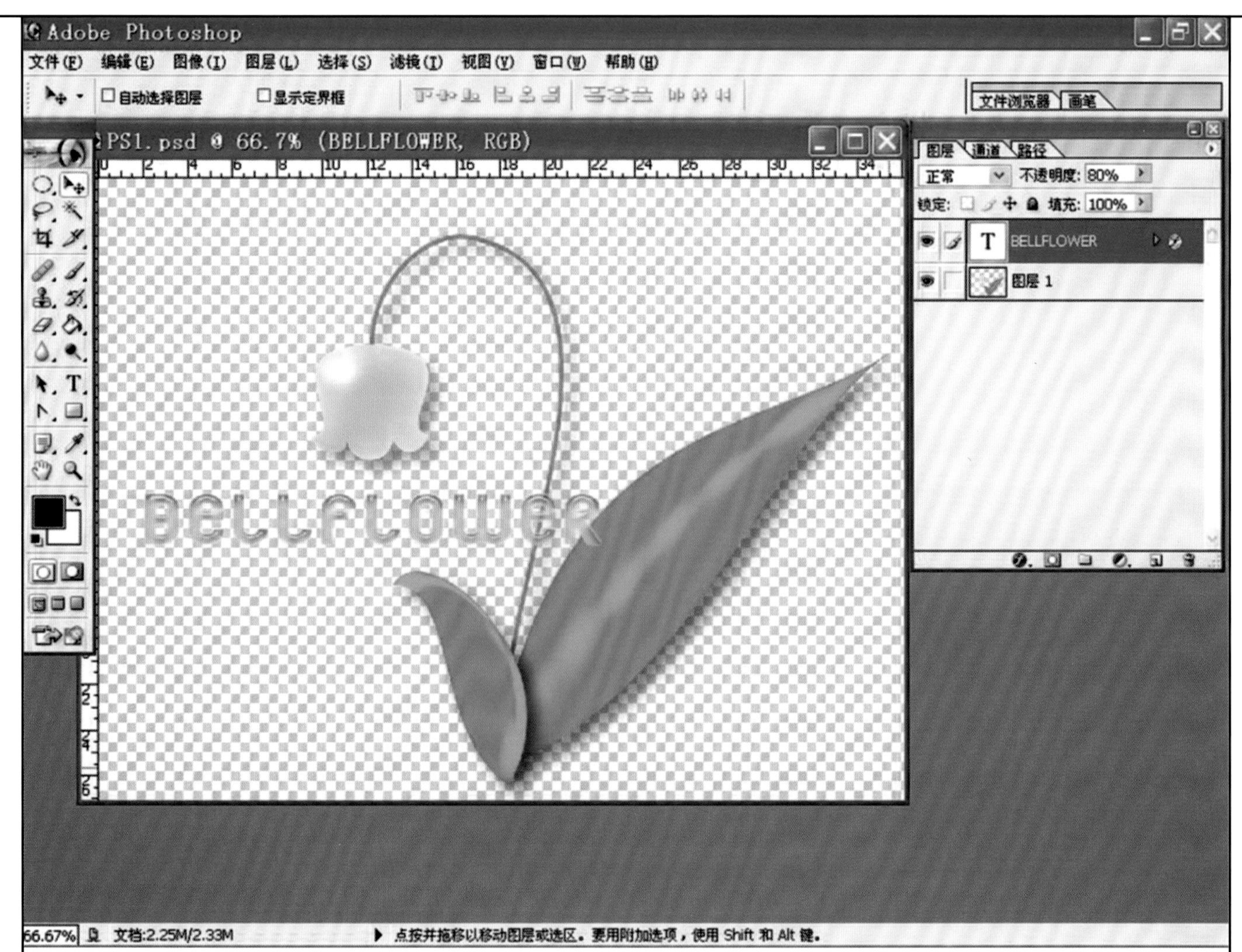

图3-9 Photoshop文字位置调整

6.在整个Logo图文设计结束后，以.PSD的格式保存原文件，以便于今后的修改。保存结束后，选择“文件(File)—保存为（Save As）—保存为PNG文件*.PNG”命令，将Logo设计结果导出为透明背景的文件格式，便于以后的使用。关闭Photoshop。使用Windows XP系统自带的看图软件浏览刚刚保存的PNG文件，如下图3-10。

这样，一个简单的Logo设计也就结束了，其中某些细节无法一一尽数，还希望广大读者自己在软件使用中细细体会，完成更出色的图形图像设计。

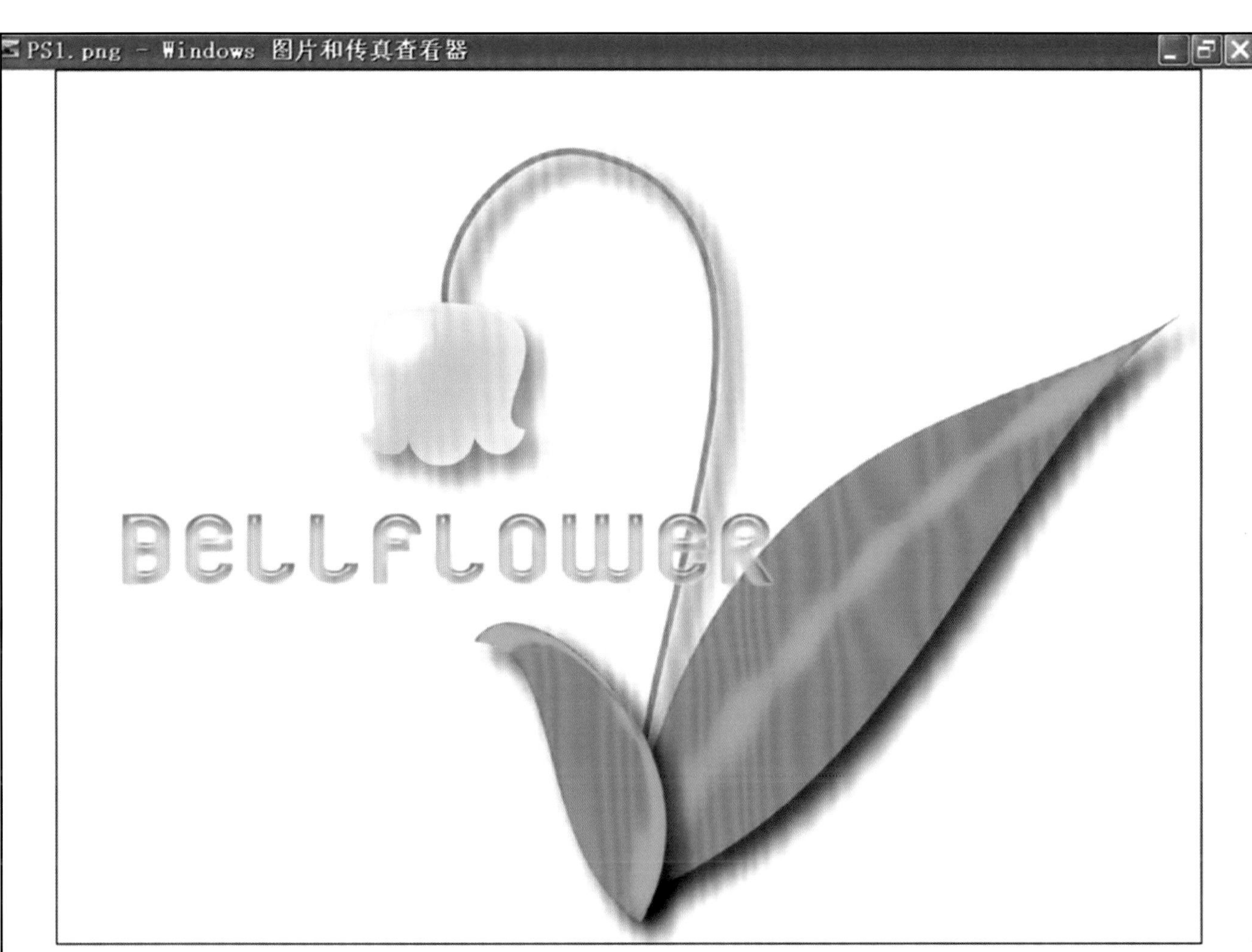

图 3–10　Logo 整体效果浏览

上海市科学技术协会
SHANGHAI ASSOCIATION FOR SCIENCE AND TECHNOLOGY
上海市科学技术协会
SHANGHAI ASSOCIATION FOR SCIENCE AND

第四章

多媒体动画技术

第四章　多媒体动画技术

一、动画制作基础

动画很早就有，如《孙悟空大闹天宫》、《米老鼠和唐老鸭》等都是人们喜闻乐见的动画片，但是这种传统动画是人工绘制的，其制作效率低，成本也高。计算机动画则在传统动画的基础上加入计算机图形技术而迅速发展起来的一门高新技术，它不仅缩短了动画制作的周期，而且还产生了原有动画创作所不能比拟的新的视觉效果。世界著名动画艺术家John Halas曾指出："运动是动画的本质"。动画是一种源于生活而又抽象于生活的形象来表达运动的艺术形式。由于计算机及其相关理论和技术的飞速发展，为动画制作提供了强大的数字施展空间。

（一）什么是计算机动画

首先，要了解"什么是动画"。

所谓动画，是一种通过连续画面来显示运动和变化的技术，通过一定速度播放画面以达到连续的动态效果。也可以说，动画是一系列物体组成的图像帧的动态变化过程，其中每帧图像只在前一帧图像上略加变化。这里所说的动画不仅仅限于表现运动过程，还可以表现非运动过程。例如柔性体的变形，色彩和光强的变化等。动画在实际的播放过程中有几种不同的方式：在电影中以24帧/秒的速度播放，在电视中，PAL制式以25帧/秒的速度播放，NSTC制式以30帧/秒的速度播放。

然后，要了解"什么是计算机动画"。

所谓计算机动画，是指借助于计算机生成一系列连续图像画面并可以动态实时播放这些画面的计算机技术。计算机动画是利用动画的基本原理，结合科学与艺术，突破静态和平面图像的限制，创造出栩栩如生的动画作品。计算机动画所生成的是一个虚拟的世界，画面中的物体并不需要真正去建造，物体和虚拟摄像机的运动也不会受到什么限制，动画创作者几乎可以随心所欲地编织虚幻世界。

动画制作就是采用各种技术为静止的图形或图像添加运动特征的过程。多媒体动画制作与过去传统动画制作是有区别的，计算机硬件和软件的高速发展大大改变了过去动画制作的传统方式。以前动画制作者在纸上一页一页地画，再将纸上一页页的画面拍摄制作成胶片；而计算机动画是由计算机产生的一系列可供实时演播的连续画面的技术，它可把人们的视觉引向一些客观不存在或做不到的东西并从中得到享受。计算机动画的原理是基于传统的动画设计，但全部工作由计算机完成。计算机动画已经成为多媒体软件产品不可缺少的组成部分。

以前，要做计算机动画离不开图形工作站，然后Mac机的加入使计算机动画的影响力逐步扩大，近年来PC机在速度及存储量上都有显著的提高，已经在和做传统动画的图形工作站及Mac机一争高低，至此计算机动画才真正流行起来。

（二）计算机动画的分类

计算机动画按表现形式来分可以分成：二维动画和三维动画。

二维动画沿用传统动画的概念，将一系列画面连续显示，使物体产生在平面上运动的效果。二维动画一般是指计算机辅助动画，又称关键帧动画。随着计算机技术的发展，二维动画的功能也在不断提高，尽管目前的二维动画系统还只是辅助动画的制作手段，但其功能已渗透到动画制作的许多方面，包括画面生成、中间帧画面生成、着色、预演和后期制作等。

三维动画又称空间动画，主要表现三维物体和空间运动。三维动画一般是指计算机生成动画。由于造型处理比较复杂，因此不使用计算机来实现它们是非常困难的。三维动画是采用计算机技术模拟真实的三维空间：首先在计算机中构造三维的几何造型，然后设计三维形体的运动或变形，设计灯光的强度、位置及移动，并赋予三维形体表面颜色和纹理，最后生成一系列可供动态实时播放的连续图像画面。由于三维动画是通过计算机产生的一系列特殊效果的画面，因此三维动画可以生成一些现实世界中根本不存在的东西，这也是计算机动画的一大特色。

计算机动画真正具有生命力是由于三维动画的出现。三维动画与二维动画相比，有一定的真实性，同时与真实物体相比又具有虚拟性，二者构成了三维动画所特有的性质，即虚拟真实性。

（三）计算机动画的创意

美国数字艺术家Scott Clark 认为动画要“使观众对幻想的事物产生真实感。最好的动画总是掺杂进我们的一点点性格……现在，学会运用计算机软件不难，让物体动起来也不难，难的是让观众感受到没有生命的物体是有思想、有感情、有知觉、有未来、有历史的”。

计算机动画是高科技与艺术创作的结合，它需要科学的设计和艺术构思，这些在动手制作之前的方案性思考，一般称为创意。

创意属于技术美学范畴，它是计算机动画的灵魂，决定着动画作品含金量的大小。创意有宏观和微观两个层面，宏观称为战略创意，它是指整个宣传行动的统筹策划；微观称为战术创意，它是指具体动画作品的意境构思及手法选择。

任何艺术的创作都离不开思维的想象性，创意比想象更进一步，创意是人们在创作过程中迸发的灵感和优秀的意念，它强调的是有目的的想象力。计算机动画以其超强的描绘和渲染能力为创作人员提供了充分发挥想象力和创造力的广阔空间，但是创意难觅，创作人员往往为之绞尽脑汁。一个优秀的计算机动画创作人员，不仅要有计算机、美术、音乐等修养，而且还应广泛涉猎自然、历史、地理等知识，自然界和人类社会庞大的信息库才是创意的源泉。

好的创意通常有3个原则：创意独特，立意新颖；主题突出，构思完整；情节合理，定位准确。一个创意平平的动画作品不会引起人们的兴趣，而一个创意很好但制作很糟的动画作品也不会受到关注。为了使创意强烈地“凸显”出来，创作人员必须对创意进行反复研究，同时进行创意设计时要对画面的连接、色彩的构成、质感的塑造、动作的表现等方面进行妥善的处理，使各视觉元素在交融碰撞中得到升华，形成完美的、流畅的视觉效果。

（四）计算机动画的应用

随着计算机动画技术的迅速发展，其应用领域日益扩大，已经进入了众多行业，所引来的经济效益和社会效益也在不断增长。由于计算机动画的应用领域比较广泛，这里选择一些典型的应用领域进行介绍。

1.影视广告

电影是计算机动画应用最早、发展最快的领域之一。目前计算机动画在影视方面主要用于制作广告(特别是电视广告)、电视片头、卡通片、电影和电影特技等。

计算机生成动画特别适用于科幻片的制作，例如美国惊险科幻影片《侏罗纪公园》可以说是计算机动画在影视制作中的得意之作，该片曾荣获奥斯卡最佳视觉效果奖。影片中的史前动物恐龙的镜头是用计算机动画制作的，它使13700万年以前的恐龙复活，并同现代人的情景组合在一起，构成了活生生的、童话般的画面。

计算机生成动画也特别适用于现代动画的制作，例如美国迪斯尼公司和好莱坞合作推出了一部全部镜头都是由计算机制作的“没有真人演员表演”的故事片《玩具总动员》。在这部长达77分钟的影片中，从线条、颜色、人物形象到片中的各个笑料，全部是由计算机动画和计算机合成的图像组成的。影片以其特有的魅力取得了巨大的成功，从此开创了电影制作技术的新篇章。

在电视广告片中，计算机动画可以制作出精美神奇的视觉效果，给电视广告增添一种奇妙的、超越时空的夸张和浪漫的色彩，以取得特殊的宣传效果和艺术感染力，让人自然地接受商品的推销意图，计算机动画目前在电视广告片中使用广泛。

2.工程设计

计算机辅助设计始终被认为是计算机图形学的一个主要应用领域。利用计算机动画技术，设计者能够使虚拟模型运动起来，由此来检查只有制造过程结束后才能验证的一些模型特征，如运动机构的协调性、稳定性及干涉检查等，以使设计者及早发现设计上的缺漏。这样可以研究机械运动的效果、楼房建筑的透视和整体视觉效果等。计算机动画技术在建筑业中的更深层应用是利用合成技术来实现环境评估，建筑师可以利用它来评价建筑物对周围环境的整体影响。这对城市建设、环境保护具有非常重要的意义。

3.教育与娱乐

在教育方面，教学效果除了与教师的素质和水平、学生的情况等因素有关外，还与教具和实验手段有直接关系。在实际的教学过程中，有许多教学内容无法给学生一个很好的感性认识，这样反过来又增加了学生理解问题的难度。例如，物理机器结构的模型拆装等教学内容难以给学生直观的感性认识，而利用计算机动画技术则可以将各种现象或模型在计算机上形象生动地表现出来，如在计算机中构造一个电动机三维模型，可以根据需要取出其中的有关零部件，观察各种不同的断面以及它的安装过程和工作流程，这些对教学显然是有帮助的。因此，计算机动画在教育方面有着广阔的应用前景。

在娱乐方面，利用计算机动画技术产生模拟环境，使人有身临其境的感受。目前开发的大量游戏软件都建立了各种动态的娱乐环境。

4.虚拟现实技术

虚拟现实是利用计算机动画技术模拟产生的一个三维空间的虚拟环境系统。人们凭借系统提供的视觉、听觉甚至嗅觉和触觉等多种设备，身临其境地沉浸在这个虚拟环境中，就像在真实世界一样。随着技术的进步和产品价格的下降，虚拟现实的应用突破了传统的军事和空间开发等领域，开始在建筑设计漫游、产品设计以及教育培训和娱乐等方面获得富有成效的应用。

（五）常用计算机动画制作软件

计算机动画系统是一种用于动画制作的由计算机硬件、软件组成的系统。它是在交互式计算机图形系统上配置相应的动画设备和动画软件形成的。

1.硬件配置

计算机动画系统需要一台具有高速CPU、足够大的内存、足够大的硬盘空间和各种输入输出接口的高性能计算机。目前，基于Pentium系列CPU的高档微机以其较高的性能价格比向高档图形工作站发起了强劲的挑战，使得许多计算机动画制作软件纷纷向这一平台移植。这些动画制作软件的界面友好、操作简便、价格合理，受到广大动画制作者的欢迎。因此，也全面推动了计算机动画制作的普及。

在计算机动画制作过程中涉及多种输入输出设备。一方面，为制作一些特技效果需要将实拍得到的素材通过图形输入板、扫描仪、视频采集卡等设备转变成数字图像输入到计算机中；另一方面，需要将制作好的动画序列输出到电影胶片或录像带上。

2.软件环境

计算机动画系统使用的软件可分为系统软件和动画软件两大类。系统软件是随主机一起配置的，一般包括操作系统、诊断程序、开发环境和工具以及网络通信软件等，而动画软件主要包括二维动画软件和三维动画软件等。

常用的二维动画制作软件有:

Flash MX：由Macromedia公司开发和推广。Macromedia是全球多媒体业界的领导者，在Internet迅速流行的今天，Macromedia又成功地将其强大的多媒体技术移植到网站建设上，开发出一系列网上多媒体制作工具，Flash MX就是其中的精灵。Flash MX是目前制作网络交互动画的最优秀工具——它支持动画、声音以及交互功能，具有强大的多媒体编辑能力，并可直接生成主页代码。Flash MX动画的基础是关键帧，在关键帧之间是依靠变形和移动位置等技术自动形成过渡帧来补充动画，在排列时是以时间轴为基础的，在动画制作中还可以对各种事件进行反应，制作出交互式的动画。

Swish：是非常方便的网页文字动画特效制作软件。使用Swish软件，可以在几分钟内做出相当漂亮的Flash动画并会输出与Flash相同的swf格式。

GIF Animator：由Ulead公司开发和推广。可做出各种网上流行的gif动画，内建的Plug-in有许多现成的特效可以立即套用，可将avi文件转成动画gif文件，而且还能将动画gif图片最优化，以便让人能够更快速地浏览网页。

Animator Studio：由AutoDesk公司开发和推广。它是一种集图像处理、动画设计、音乐合成、脚本编辑和动画播出于一体的二维动画设计软件。

常用的三维动画制作软件有:

3DS MAX：由AutoDesk公司开发和推广。3D Studio，在古老的DOS时代就非常非常流行，随着视窗操作系统的流行，AutoDesk公司推出了3D Studio MAX，简称3DS MAX。由于它是在Windows操作系统下运行，并且性能远超过3D Studio，因而迅速成为主流产品。由于3DS MAX功能强大，并较好地适应了PC机用户众多的特点，被广泛运用于三维动画设计、影视广告设计、室内外装饰设计等领域，业内有句话“只有你想不到的，没有3DS MAX做不到的”！

Softimage 3D：由Softimage公司开发，Microsoft收购推广。Softimage 3D最初是一款历史悠久、功能强大的在工作站上应用的三维造型动画软件，是由专业动画师设计的强大的三维动画制作工具，它的功能完全涵盖了整个动画制作过程，包括：交互的独立的建模和动画制作工具、SDK和游戏开发工具、具有业界领先水平的mental ray生成工具等。Softimage 3D系统是一个经受了时间考验的、强大的、不断提炼的软件系统，它几乎设计了所有的具有挑战性的角色动画。1998年奥斯卡视觉效果成就奖的三部提名影片都应用了Softimage 3D的三维动画技术，它们是《侏罗纪公园》中非常逼真的让人恐惧又喜爱的恐龙形象、《星际战队》中的未来昆虫形象、《泰坦尼克号》中几百个数字动画的船上乘客。这三部影片是从列入奥斯卡奖名单中的七部影片中评选出来的，另外的四部影片《蝙蝠侠和罗宾》、《接触》、《第五元素》和《黑衣人》中也全部利用了Softimage 3D技术创建了令人惊奇的视觉效果和角色。Softimage以其卓越的性能，更成为游戏开发者钟爱的工具。

MAYA：由Alias/Wavefront公司开发和推广。MAYA是处于世界动画业领先地位的Alias/Wavefront公司开发的功能强大的三维动画软件，它给三维设计者提供了优秀的制作工具来表达无比的创意，是全世界创作高端三维动画的艺术家的首选。

Renderman：由Pixar公司开发和推广。是一款可编程的三维创作软件，它在三维电影的制作中取得了重大成功，《玩具总动员》中的三维造型全部是由Renderman绘制的。

Cool 3D：由Ulead公司开发和推广。是一个专门制作文字3D效果的软件。可以用它方便地生成具有各种特殊效果的3D动画文字，软件中还有许多的样本，可以直接套用。Cool 3D的主要用途是制作主页上的动画，它可以把生成的动画保存为gif和avi文件格式。

Rhino 3D：由Robert McNeel & Assoc公司开发和推广。Rhino软件小巧实用，在电脑硬件配置相对较低的情况下也可以流畅运行。加上可以输入输出的格式非常多，因此受到许多人的喜爱。Rhino使用现在流行的NURBS建模方式，主要侧重于3D物体的建模。NURBS是一种非常优秀的建模方式，这种建模方法是在3D建模的内部空间用曲线和曲面来表现轮廓和外形。NURBS是Non-Uniform Rational B-Splines的缩写，是非统一有理B样条的意思。NURBS能够比传统的网格建模方式更好地控制物体表面的曲线度，从而能够创建出更逼真、生动的造型。

Poser/ Bryce：由Metacreations公司开发和推广。Poser是一款制作三维动物、人体造型和三维人体动画的极品软件。它提供了丰富多彩的人体三维模型，使用这些模型可轻松快捷地设计人体造型和动作，免去了人体建模的烦琐工作。Poser 强大的人体造型设计功能也是该软件的成功之处，利用其特殊的工具，可以很迅速地完成人物的姿态塑造工作。简单直观的关键帧制作方式，可以很方便地得到细腻逼真的人体动作。利用该软件的导入功能可以大大丰富人物造型和动作设计的创作空间。导出功能可以将Poser 4设计的人物造型加入到其他的三维设计软件，例如 3DS MAX。输出工具还可以输出为2D Flash 动画。Bryce是创建三维场景的最佳工具。它包含了大量的自然纹理和物质材质，通过设计与制作能产生极其独特的自然景观。在Bryce中，提供了多种预设气候、地面和地形，可以让设计者通过千变万化的组合创作出自己喜欢的自然景观。它的快速渲染模式和即时预览场景小窗口功能，可以让你快速地观看到其成效和结果而不必像3DS MAX等三维创作软件渲染时需要较长的等待。同时，它可以输入3DS等多种文件类型，能够让你结合其他三维制作软件综合地制作出一项优秀的作品。Poser/ Bryce一个造世界，一个造物。

计算机动画制作软件相当的多，每种软件也有其各自的特点，限于篇幅，笔者在此无法一一介绍，只是根据现时流行趋势和笔者的创作实践简单介绍了一些常用的软件。如何选择，还需要读者根据创作需要和个人喜好来决定。

二、二维动画软件Flash MX

Internet网络的迅速发展，枯燥无味的静态页面很难再引起人们的兴趣，制作人员希望能使用引人入胜的动态效果来吸引用户的注意。由于网络带宽的限制，在主页上放置过大的动画文件是不现实的。在这种背景下网页动画孕育而生并迅猛发展起来，先后产生了Java、Shockwave、SureStream、MetaStream等网上动画技术。Java脚本能够将一个Applet(小程序)加在网页上，这样就能够根据需要画出图形，甚至加载事先做好的动画；Shockwave技术的运用可以实现在Internet上的交互多媒体；利用SureStream可在Internet上实现音频及视频的回放，而无须顾及带宽；而MetaStream则是网上三维的新标准，通过它可以在Internet上呈现精彩的3D世界。Macromedia是全球多媒体业界的领导者，在Internet迅速流行的今天，Macromedia又成功地将其强大的多媒体技术移植到网站建设上，开发出一系列网上多媒体制作工具，Flash MX就是其中的精灵。

（一）Flash MX的功能

同Flash MX是目前制作网络交互动画的最优秀工具——它支持动画、声音以及交互功能，具有强大的多媒体编辑能力，并可直接生成主页代码。

Flash MX是由美国Macromedia公司开发出品的用于矢量图编辑和动画制作的专业软件。它的前身是一家开发Director的网络发布插件Future Splash的小公司，是早期网上流行的矢量动画插件。1998年，Macromedia公司收购了该公司，并继续发展了Future Splash，很快就推出了Flash，此时Flash动画开始被商业界接受。2002年，Macromedia公司推出了Flash MX版本，它不仅增加了很多脚本功能，更增强了动画编辑功能，同时软件界面的改动也很大。Flash MX还引入了组件的概念，使得Flash MX中的程序设计更加趋向于面向对象的设计方法。Flash爱好者越来越多并加入到Flash技术的学习阵营中，在全世界掀起了一股“闪”的旋风。

Flash MX的最大特点是支持动画。可以在Flash信息内容中很方便地嵌入变焦、移动及纵向和横向拉长等功能。Flash MX动画的基础是关键帧，在关键帧之间是依靠变形和移动位置等技术来自动形成过渡帧来补充动画，在排列时是以时间轴为基础的，在动画制作中还可以对各种事件进行反应，制作出交互式的动画。

Flash MX的基本功能有：

1.具有较强的矢量绘图和动画制作功能，并且图像质量高，制作的动画和网页文件数据量小。

2.导入和发布功能强——可以导入位图、QuickTime格式的电影文件和MP3格式的音乐文件等；可发布包括MP3

音乐格式在内的各种音视频文件。

3.只要安装了具有Shockware Flash插件的浏览器，即可观看Flash动画。采用流媒体技术，即使动画文件没有全部下载结束也可以观看已下载部分的动画内容。

4.具有功能强大的ActionScript函数、属性和对象，兼容并支持以前版本的Flash。所有脚本程序均可从外部脚本文件调入，外部的脚本文件可以是任何ASCII码的文本文件。

5.采用与JavaScript类似的语法结构，以及方便的文本编辑区和调试区，可进一步提高程序的开发能力，开发更多的可扩展工具以及Web应用程序。

6.支持XML技术标准。

（二）Flash MX 的主要概念

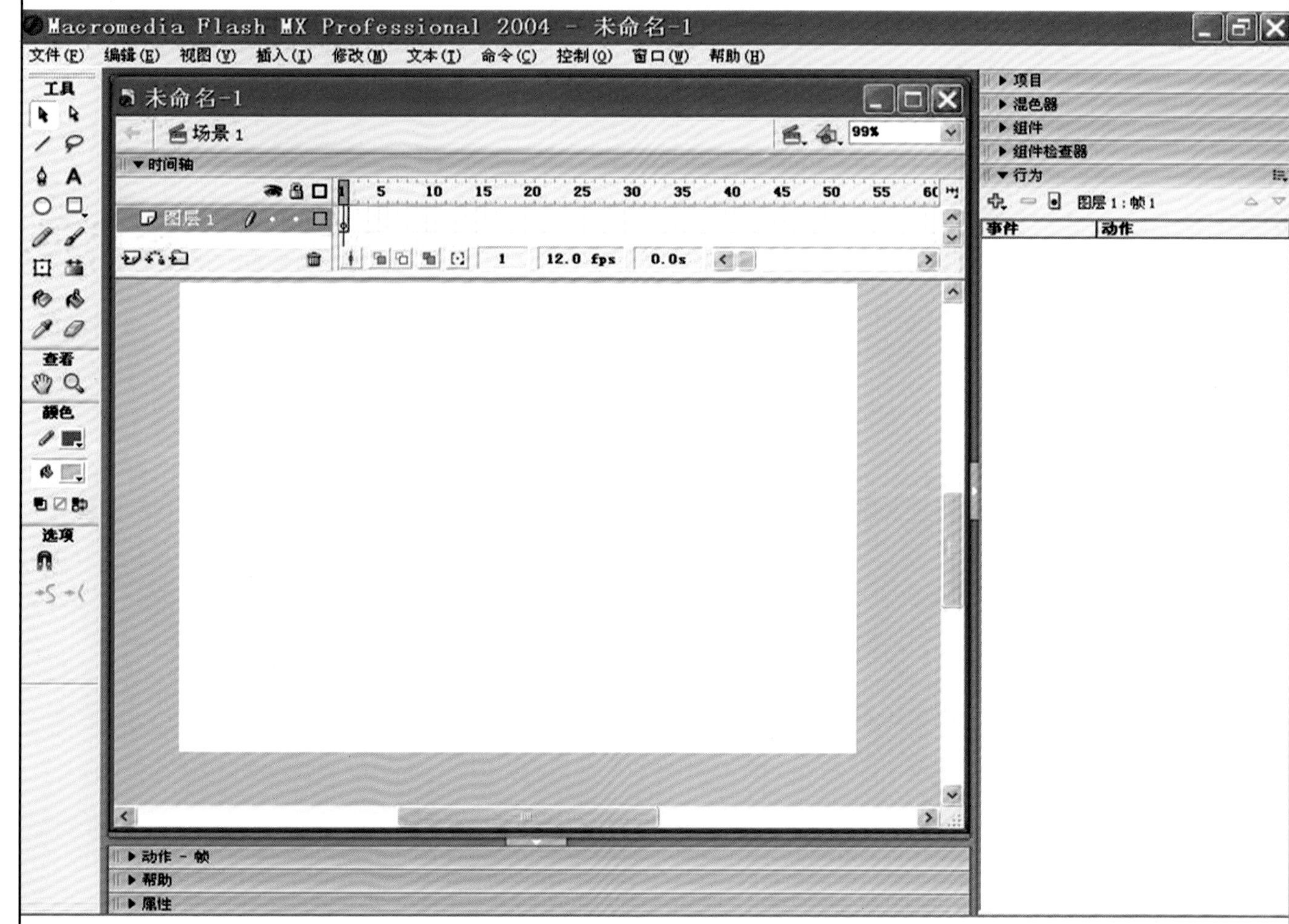

图4-1　Flash MX 2004界面

Flash MX 2004的界面由标题栏、菜单栏、时间轴、工作区、工具栏、面板和属性面板等组成，如图4-1所示。Flash MX中有一些主要概念需要理解一下。

1.帧与关键帧

帧和关键帧在时间轴中出现的顺序决定它们在影片中显示的顺序。可以在时间轴中安排关键帧，从而编辑影片中事件的顺序。

帧：是组成Flash动画的最小单位。在Flash中时间线上的一个个方块就代表不同的帧。帧的连续播放便构成了动画，帧中的内容可以是图形、图像、音频和视频等。每秒钟播放帧的数量被称为帧的播放速率，帧的播放速率将决定动画播放的效果。帧根据用途的不同，可以分为关键帧和过渡帧两种类型。

关键帧：是指决定动画内容的帧，是在舞台上直接编辑的帧，其他的帧都是关键帧的延续或是变化。另外还有一个空白关键帧的概念，空白关键帧事实上是一个在舞台上没有内容的关键帧，但可以包含单独的动作脚本。关键帧的延续由灰色方格表示，空白关键帧的延续由空白方格表示。关键帧一般通过在同一层中给定开始和结束时的两帧，使中间的每一帧都能根据不同情况而自动生成，实现平滑过渡。自动生成两个关键帧间过渡画面从而得到一个完整的动画过程。

过渡帧：显示两个关键帧间的中间效果，是Flash利用推算算法自动生成的。过渡帧根据动画的类型不同，其显示的状态也不同。变形过渡由带箭头直线的青色方格表示；运动过渡由带箭头直线的绿色方格表示。当过渡帧序列出现错误的时候，带箭头直线将变为虚线。

2.图层

图层：就像是一叠透明纸一样，上层的物体会盖住下层的。当图层上没有任何东西时，可通过它看到下面的图层。Flash也以图层的概念来存储影片，类似于Photoshop中的层，区别在于一个是静止的而另一个是运动的。有时候要做一段影片在一个层中很难完成，而在多个层中就能同时控制多个对象了。通过增加层，可以在一层中编辑运动而在另一层中使用形变而互不影响。也正因为如此，才可以编辑较复杂的效果。

3.元件

元件：是动画中一个个编辑后的对象，它可以是图形对象、动画片段或声音文件等。在Flash中可以把所编辑的对象都做成元件存入库中，然后再调用这些元件进行动画的设计，从而最终完成一个完整的动画。放置在素材库中的元件可以被重复使用，因为在一部动画中经常要多次使用同一元件，而动画在发布输出时，被多次使用的元件将只保存一次，这样动画只占用极少的硬盘空间并能够以较高的速度传输数据。

Flash的元件有图形元件、按钮元件和影片剪辑元件3种类型。

图形元件——图形是创建图形元件用的，可以将静态的图形、字型引入而生成元件。图形元件虽然可以是静止的画面，也可以是相对独立的动画片段，但该动画中不含有声音和交互语句。

按钮元件——按钮用于生成交互式按钮，按钮编辑窗口中的时间线上有4种选择状态，分别是Up、Over、Down和Hit：Up是普通状态，是按钮没有被单击前开始出现显示时的状态；Over是滑过状态，是鼠标移至按钮上面时按钮所呈现的状态；Down是单击状态，是按钮按下去时的状态；Hit是单击区域，是按钮的感应区，单击区域决定了按钮在什么范围内有效。

影片剪辑元件——影片剪辑是电影剪辑元件，这种元件有自己的独立时间线，所以用它做成的电影在Flash动画中被引用时可以用主时间线进行播放，而不用给它分配时间，而图形尽管也可以生成动画片段，但它在用主时间线进行播放时必须依靠插入帧分配播放时间，因此图形多数被用来生成静止的元件。影片剪辑是一段独立的动画，用户可以向影片剪辑元件添加音效和设置交互功能等。

4.实例

实例：元件是可以重复利用的图像、按钮或动画。元件从素材库拖动到舞台中后，该元件将自动生成一个实例，实例是元件在场景上的具体体现。用户可在舞台中的任意位置使用同一元件的一个或多个实例，这样将有利于减少文件所占用的存储空间。

实例可以与它的元件在颜色、大小和功能上差别很大。编辑元件会更新它的所有实例，但对元件的一个实例应用效果则只更新该实例。所以在Flash中修改同一元件的多个实例是十分方便的。在动画中重复地使用同一元件的实例，将会减少文件存储所占用的空间，因为无论用户为同一元件建立多少实例，Flash将只存储元件，而对于该元件的实例将只记录它的位置、大小、颜色等与元件不同的信息。因此，Flash 文件会变得非常小，Flash 动画在网络中下载的速度也会大大提高。

5.库

库：Flash动画中的对象被做成了一个个的元件，而库就是用来存放这些元件的。库给了用户一个存储素材的地方，除了存储内部创建的元件，还存储外部导入的声音、位图和视频等素材，用户可以对素材库中的素材重复使用。这样将大大节省调用、重建素材的时间，并将减少 Flash 动画文件的大小。

如果素材库中存在许多素材，用户寻找一个素材就很不方便。为了能够方便快捷地找到一个对象，用户可以在素材库中建立文件夹，然后按照一定的规律将不同的素材放置在不同的文件夹中。

6.场景

场景：将库中的元件拖动到工作区后，就会变成场景。当制作的动画需要多个场景时，每一个场景都会连接一个元件，而其属性也是从该元件获得，不过每一个场景都拥有各自的图层和属性，并且可以独自编辑。在Flash中可以设置多个镜头，就好比舞台剧的一幕演完后再进行下一幕，可以在动画中用场景安排舞台内容，使动画效果更丰富。

（三）Flash MX 动画相关网站

关于Flash的动画制作市面上教程很多，读者可以根据自己的实际情况进行选择，限于篇幅笔者就不作详细实例解说了。不过，笔者要为各位介绍一些Flash相关网站，在那里你不仅可以欣赏到丰富而精彩的Flash作品，还可以学会很多 Flash 技巧哦。

1. http://www.macromedia.com/

Flash的出品公司Macromedia的网站，在这里你可以获得很多最新的动态，所有产品，各种活动和研究会等信息。

2. http://www.neostream.com/

国外超级经典的Flash 网站，怎一个“cool”字了得，太值得学习借鉴了！

3. http://www.flashempire.com/

闪客帝国站，在国内Flash业界确实处于帝国之势，这里的作品和教程都很好。而且会有高手在此点评，可以有很大收益哦。

4.http：//cartoon.163.com/

网易动画站，在这里你可以看到很多Flash作品，有专业人士的也有爱好者的，在这里你可以上传自己的作品。

5.http：//www.chinavisual.com/

视觉中国网站，是中国数字艺术设计的专业网站，在国内和国际上都有很好的知名度，其也有关于Flash的专栏，帮助你解决专业问题。

6.http：//www.snailcn.com/

思妙文化网站，一个翻译为“蜗牛”的Flash制作团队，创新手绘和动画制作都相当的不错。

7.http：//www.yesky.com/

天极网站，全球中文IT第一门户网站，其信息含量很多，Flash的教程也很多。

8.http：//www.pconline.com.cn/

太平洋网站，是一个IT综合网站，拥有国内最丰富的电脑教程，Flash及其相关的内容也有很多而且很不错。

三、三维动画软件3DS MAX

随着Internet的迅速发展，我们生活中数字信息的数量正在急剧增加，质量上也大大地改善。动画特别是三维动画被当作一种最佳的信息的包装方式，CD-R中的三维游戏也非常热门。无疑，三维技术能使人耳目一新。给人最好的视觉感受是所有信息传播者共同的追求，因而三维动画必将更多地出现在相关媒体特别是Internet上，三维制作软件也将朝着功能更强、使用更容易、更具交互性等方向发展。未来，我们将生活在信息的海洋，而三维动画将是一道随处可见的风景。

计算机三维动画技术是综合利用艺术、计算机图形图像学、数学、物理学、生理学和其他相关学科的知识，用计算机生成连续的虚拟真实感的画面的技术。它给人们带来了全新的视觉刺激和享受，实现了过去无法想象的特技效果，目前已经成为高质量影视、游戏制作中不可缺少的手段。

三维数码艺术以其超强的视觉效果及亲和力深入到生活中的各个领域，计算机硬件技术的突飞猛进推动了软件的不断进步。原本只能运行在高端图形工作站上的三维动画软件也普及到广大的一般用户。其中，最具有代表性的就是AutoDesk公司麾下Discreet子公司推出的3DS MAX。3DS MAX自诞生以来，就一直受到三维动画创作人员的极大青睐，而它本身不断的发展和进步，使其应用领域日益被扩展。优异的性能使3DS MAX在电影和电视、广告制作、教学科研、建筑和游戏制作等领域有着广阔的应用前景。

（一）三维动画的制作过程

计算机技术的发展使许多以前无法想象的事变成了现实。它同样为三维特技制作领域带来了新的革命。进入21世纪以来，三维制作软件越来越成为我们生活中不可或缺的东西。三维软件自它诞生以来，便迅速渗透到我们生活中的各行各业，逐渐成为新世纪一颗极耀眼的新星。它的出现标志着软件行业发展的又一次腾飞，近年来更有了惊人的发展，陆续出现了一批新的技术，如三维扫描、表演动画、虚拟演播室等。它们在三维特技制作中显示出强大的技术优势和生命力，而其中表演动画又是计算机动画中最高级、最热门的技术之一。

表演动画技术的诞生，使动画制作者能够以演员的表演动作和表情直接驱动动画形象模型，极大地简化了动画制作过程，提高了动画制作的质量。一个完整的表演动画系统包括运动捕捉和动画驱动两部分。随着表演动画技术的出现和不断发展，计算机技术在媒体制作上的应用已经变得更为容易，三维动画也将进入更高效率和更快的制作流程，产生更多更好的作品，并向更广阔的领域发展。

同拍摄电影需要物色演员、制作道具、选择外景类似，动画软件必须具有：在计算机内部给这些演员或角色、模型、周围环境进行造型的功能；通过动画软件中提供的运动控制功能，可以对控制对象(如角色、相机、灯光等)的动作在三维空间内进行有效的控制；利用材料编辑功能，可以对人物、实物、景物的表面性质及光学特性进行定义，从而在着色过程中产生逼真的视觉效果。

制作三维动画是一个涉及范围很广的话题，从某种角度来说，三维动画的创作有点类似于雕刻、摄影、布景设计及舞台灯光的使用，你可以在三维环境中控制各种组合。光线和三维对象，它们总是听候你的调遣，你需要的除基本技能外，还要更多的创造力。作为专业级的作品至少要经过三步：造型、动画和绘图。

1.造型

就是利用三维软件在电脑上创造三维形体。一般来说，先要绘出基本的几何形体，再将它们变成需要的形状，然后通过不同的方法将它们组合在一起，从而建立复杂的形体。另一种常用的造型技术是先创造出二维轮廓，再将其拓展到三维空间。还有一种技术叫做放样技术，就是先创造出一系列二维轮廓，用来定义形体的骨架，再将几何表面附于其上，从而创造出立体图形。

2.动画

就是使各种造型运动起来。由于电脑有非常强的运算能力，制作人员所要做的是定义关键帧、中间帧交给计算机去完成，这就使人们可做出与现实世界非常一致的动画，如我们看好莱坞大片，很多镜头是用电脑合成，但我们却无法分辨。

3.绘图

包括贴图和光线控制，当我们完成这一切要给动画上色时，会发现电脑的性能对制作三维动画有多么重要，动画一秒钟大约为30帧，合成一帧（就是一个画面）可能用几十秒，也可能要几十分钟，性能不佳的电脑将无法工作。

制作三维动画需要大量时间，为了获得更高的效率，通常将一个项目分为几个部分，特别对于那些投资巨大的制作，这就使分工协助在三维动画制作中显得非常重要。实质上用三维动画软件表现一般受两个因素影响：一是软件本身，二是软件使用者的经验。相对二维动画而言，三维动画的制作要麻烦许多：首先要创建物体和背景的三维模型；然后让这些物体在三维空间里动起来；再通过三维软件内的“摄影机”去拍摄物体的运动过程，并打上灯光，最后才能生成栩栩如生的三维画面。

（二）3DS MAX的基本概念

3DS MAX本身就是一个动画软件，因此动画制作技术可说是3DS MAX的精髓所在。如果想使制作的模型富有生命力，就必须将场景做成动画。其原理和制作动画电影一样，将每个动作分成若干帧，每个帧连起来播放，在人的视觉中就成了动画。利用3DS MAX制作动画时需要将关键点规定出来。关键点就是重要的位置、动作或表情，计算机会计算出每个动作中间过渡的状态。通过在一些帧的画面中对对象进行移动、变形等处理，可以实现动画制作。在3DS MAX中，动画是实时发生的，设计师可随时更改持续时间、事件、素材等对象并立即观看效果。

1.对象概念

3DS MAX是开放的面向对象的设计软件，从编程的角度讲，不仅创建的三维场景属于对象，灯光镜头属于对象，材质编辑器属于对象，甚至贴图和外部插件也属于对象。为了方便学习，我们将视图中创建的几何体、灯光、镜头及虚拟物体称为场景对象，将菜单栏、下拉框、材质编辑器、编辑修改器、动画控制器、贴图和外部插件称为特定对象。

在使用3DS MAX时，准确确定对象的各种属性是最基本的要求，3DS MAX提供了强大的精细定义或修改对象的参数功能。参数化对象极大地加强了3DS MAX的建模、修改和动画能力，一般条件下应尽量延长保存3DS MAX中对象的参数属性。多数操作并不丢失对象的参数属性，丢失对象参数属性的操作有将一个对象转换成NURBS表面、将对象输出为其他格式文件等，必须确保以后不再调整对象的参数属性再进行上述操作。

主对象是指用Create命令面板的各种功能创建的带有参数的原始对象，主对象的产生只是动画制作过程中的第一步。主对象的类型包括二维形体、放样路径、三维造型、运动轨迹、灯光、摄像机等。次对象是指主对象中可以被选定并且可操作的组件，最常见的如组成形体的点、线、面和运动轨迹中的关键点。在3DS MAX 中，次对象还可拥有自己的次对象，层级越丰富所塑造的形体越精致，因此在编辑修改中设计者能够充分发挥想象力而不受层级关系的限制，所有的次对象都能通过Modify命令面板的Sub-Object选项进行操作。

所有对象都有唯一的属性。对象的属性大多可以在Object Properties对话框中显示或设置。3DS MAX的动画功能非常强大，因为它有多种设置动画和创建对象的方法。把参数、编辑修改器、贴图、空间扭曲及灯光环境设置成动画的能力，为设计者提供了无尽的想象空间。

2.层级概念

在3DS MAX中，层级概念十分重要，几乎每一个对象都通过层级结构来组织。层级结构中的对象遵循相同的原则，即层级中较高一级代表有较大影响的普通信息，低一层的代表信息的细节且影响力小。层级结构可以细分为对象的层级结构、材质贴图的层级结构、视频后期处理的层级结构。层级结构的顶层称为根，理论上讲根指World，但一般来说将层级结构最高层称为根。有其他对象连接其上的是父对象，父对象以下的对象均为它的子对象，由子对象上溯到根所经历的全体对象称为祖先对象。

对象的层级结构——对于单独对象的运动可以做精确的定义，比如定义跳动的小球或物体的变形扭曲等，但是如果要制作一个人走路的动画，人在行进中又不断摆头，那么定义每一部分的运动是无法想象的。其实，将对象依据由上至下进行层次树连接是每一个使用计算机的人都会想到的解决办法。用一个虚拟物体载着小球，让虚拟物沿路径运动，小球也就跳动了。这个办法也可以解决人走路时头和四肢关系的问题，只不过这个父物体不一定是虚拟

物，而是具体的物体，这就是所谓的层次树连接Hierarchy LinKage。

材质贴图的层级结构——3DS MAX有多个贴图通道，每个通道都允许有不同类型的贴图，由多层结构来组织定义，有多个贴图通道同时作用于对象表面可以形成丰富多彩、逼真可信的材质。材质贴图的层级结构的最上层支持基本的材质名及类型。某些材质包含多种子材质，其子材质也拥有多个子材质。Standard标准材质类型位于层级结构的最底层，提供颜色及贴图通道等材质的细节。

视频后期处理的层级结构——视频后期处理Video Post通过层级结构进行组织，将动画片段、图像和摄像机视图合成为一个动画。组成Video Post的要素称为事件Event，代表一个图层、过滤器、图像和场景事件。顶层事件称为队列Queue，与其他层级结构不同，顶层队列可有多个事件。3DS MAX中Video Post的事件在创建后可进行复制、关联复制及参考复制。可以把Video Post中的队列看成一叠玻璃，每一层玻璃上都有图案，而每一层玻璃就代表一个事件，这些玻璃叠在一起就是队列，如何加入一块玻璃就是工具栏功能按钮的任务。玻璃上的图案代表每一个事件的图像，它可能是动画，也可能是静止图像，Video Post就是让我们看到这些玻璃叠在一起后的效果。如果叠放在编辑窗中进行，每一层玻璃的透明度会影响所看到的后边玻璃的效果，如果在第三层放一块不透明玻璃，那么就看不到第一层和第二层上的图案。

3.建模与修改概念

使用3DS MAX进行工作，首先考虑的当然是创建用于动画和渲染的场景对象，可供选择的方法很多：可以通过Create命令面板中的基础造型命令直接创建，也可以通过定义参数的方法创建，还可以使用多边形建模、面片建模及NURBS建模，甚至还能使用外挂模块来扩展软件功能。以上创建的对象仅是为进一步编辑加工、变形变换、空间扭曲及其他修改手段所做的铺垫。

建模概念——除了常用的基础造型外，3DS MAX有3种建模方法，即多边形建模、面片建模及NURBS建模。学会每一种方法的工作原理及其优点与缺点，对设计很有必要，最关键的是要明白在给定的条件下哪种方法最有效。3种建模技术在功能上各不相同，但是在3DS MAX中不能孤立地对待它们，最好将几种方法结合起来使用。多边形建模适用于建筑模型，会消耗更多的计算机资源，不太适合低细节的有组织网格；面片建模适合于平滑或有机表面的模型，对大多数复杂模型都适用，通过表面近似特征改变层的细节；NURBS建模方法是目前最流行的技术，广泛应用于工业造型和动画制作，除不太适合用于看起来坚硬的表面外，几乎适用于任何模型，最适合创建精细的光滑的流线型模型。

多边形建模是人们广为接受的建模方法，在计算机视图中我们见到最多的就是由无数三角面组合而成的三维对象。通过三角面的神奇排列，简单形体会变得越来越复杂。多边形建模也能制作成动画，只要把更改多边形的尺寸、方向记录下来便能产生弯曲、扭转或变形动画。

面片即Bezier面片的简称，是3DS MAX提供的另外一种表面建模技术。面片建模并非通过面构造，而是利用边来定义的。面片的内部是由Bezier技术控制的，Bezier技术使面片内部的区域变得圆滑。面片模型的最大好处是能很容易地模拟光滑表面。比起多边形建模，面片建模用较少的细节即可以表现出光滑而符合实际的形状。组成面片的部件同多边形模型的部件相似，一个面片模型实际上是由一些较小的面片组成的。

NURBS建模不仅擅长于光滑表面，也适合于尖锐的棱角。似乎每个人都可以使用NURBS技术建立他们的三维模型——从电影角色到小汽车模型。与面片建模一样，NURBS建模允许创建可被渲染但并不一定必须在视图上显示的复杂细节。这意味着NURBS表面的构造及编辑都相当简单。NURBS表面是由一系列曲线及控制点确定的，编辑能力根据使用的表面或曲线的类型而有所不同。3DS MAX的标准基本几何体都可以转换成NURBS表面，但是不如使用NURBS曲线那样直观。夸张一点说，只要能想出来的东西都可以用NURBS建模方法去实现。NURBS建模最大的好处在于它有多边形建模编辑的灵活性，但不依赖于复杂网格来细化表面，从某种角度来说，NURBS建模更像面片表面，建模时只管使用曲线来定义表面。这些表面在视图中看起来很简单，但在渲染时却呈现层次的复杂性。

相当多的3DS MAX使用NURBS来创建人物角色，主要是因为NURBS方法可以提供光滑的接近轮廓的表面，并使网格保持相对较低的细节。由于人物角色比较复杂，因此与多边形方法相比，使用NURBS可以提高性能。汽车制造商更钟情于NURBS建模，事实上在当今公路上跑的那么多表面光滑的小轿车大部分归功于它们使用了具有NURBS建模技术的CAD软件包。实际上，NURBS建模几乎可以用于任何场合。尽管如此，NURBS与多边形建模相比还是有缺点：NURBS模型均带有弯曲部分，很难创建带直角的模型。换句话说，虽然一个模型看起来有直角，但近看会发现，NURBS模型在边的四周是光滑的，因此NURBS不适合制作简单的造型。

编辑修改器——3DS MAX提供了功能强大的Modify命令面板，可以将对象进行弯曲、倾斜、扭曲、伸缩、波浪等变形处理。主对象建立以后，可以对之使用任意数目的编辑修改器，不过要记住编辑修改器产生的结果与使用顺序相关，编辑修改器与对象在场景中的位置和方向无关。编辑修改器既可作用于整个对象又可作用于对象的某个部分，是最常用最基本的建模工具。

编辑修改器堆栈——在3DS MAX中Modifier Stack是用来存放所有编辑修改操作的仓库，当然它的作用远远超出仓库的作用。在建模过程中，每一个对象的每一步操作都保存在编辑修改器堆栈的下拉式列表中，可以通过它快速访问、调整或删除以往的操作。对对象的第一步编辑，即作用给于象的最早信息，显示在编辑修改器堆栈的底部，对于基本几何体来说，它们的参数总是在堆栈的底部。对对象的最后一步操作显示在Modifier Stack下的信息栏里。

4.材质贴图概念

当模型完成以后，为了表现出物体各种不同的性质，需要给物体的表面或里面赋予不同的特性，这个过程称为给物体加上材质。它可使网格对象在着色时以真实的质感出现，表现出如石头、木板、麻布等的性质特征。材质的制作可在材质编辑器中完成，但必须指定到特定场景中的物体上才起作用。

除了独特质感，现实物体的表面都有丰富的纹理和图像效果，如木纹、花纹等，这就需要赋予对象丰富多彩的贴图。创建出优秀的模型，只是一个成功的三维动画的开端。

5.灯光与摄像机概念

灯光镜头的运用对场景气氛的渲染、动画的设定起着非常重要的作用。在默认情况下，场景中有系统默认光源存在，这就是为什么刚建立的新场景不必马上建立灯光就可看到它的样子。一旦建立灯光，默认的灯光便会消失。摄像机视图只有在场景中建立摄像机后才能进行转换，选择任一视图，单击键盘上的C键即可，一般将透视Perspective视图进行转换。

三维环境中最重要的是照明，灯光照明是最常用的方式。3DS MAX 包括各种不同的灯光对象：泛光灯、目标聚光灯、自由聚光灯、目标平行光灯及自由平行光灯，而摄影机的创建则给动画设计师提供了一个完整的电影世界。各种焦距、随意的角度及其他各种特殊效果，能制作丰富多彩的富有想象力的动画。在 3DS MAX 中，摄影机包括目标摄影机与自由摄影机，它们的内部参数相似，不过目标摄影机比自由摄影机多了一个能够移动控制的目标点。

（三）3DS MAX 7.0的新增功能

3DS MAX 再次升级，这一次是7.0。按照以前的惯例，此次升级仍然没有改变其基本的工作流程，但是添加了很多新功能，建模、材质、动画、渲染这四个方面都有不同程度的改进。

此次升级有三个亮点，其一，Mental Ray 渲染器升级到了 3.3；其次，Character Studio 被集成到核心模块来；此外，7.0 的渲染器支持广受期待的法线贴图 Normal Map，它将使 3DS MAX 在游戏开发和贴图设计方面更加游刃有余。

新增的功能还包括:

3DS MAX 7.0提供了一种全新的场景察看模式，简单地说这种视图模式和第一人称3D游戏中四处走动完全一样，甚至连快捷键都是相似的。这种视图模式让场景的设计者在设计过程中就可以从最终用户（比如游戏玩家）的角度来审视场景，大大方便了设计者，同时也提高了场景的人性化程度。

3DS MAX 7.0 引入了一种新概念——直接在模型上“绘图”，这个功能主要通过绘图变形 Paint Deform 和绘图软件选择 Paint Soft Selection 两个工具来实现。绘图变形的操作过程是将鼠标变成一枝画笔，然后“推 / 拉 / 松弛”模型上面的顶点来达到立体的“绘图”效果，这和Maya 提供的功能比较相似。使用这个工具的感觉就像是一个雕塑家使用刻刀在一块泥坯上进行雕刻，不过这种工具的使用要求有较高的直觉，对效果的控制要困难一些，适合于制作生物组织器官等表面不规则的模型。绘图软件选择工具使用画笔来设置选择区域的影响范围，将普通软选择和套索选择工具的特点结合起来，可以实现更加灵活方便的选择效果。这两个工具都是在现有的模型编辑工具基础上添加的，Paint Deformation 以一个新的卷展栏的形式出现在 Editable Poly 的面板中。

3DS MAX 7.0提供的材质制作工具是材质编辑器Material Editor，通过层层添加程序贴图和位图贴图制作复杂的材质效果。法线贴图是3DS MAX 7.0引入的一项重要的新功能。法线贴图可以理解为一种改进的Bump 贴图，普通的Bump 贴图使用贴图中的灰度信息来修改物体的表面，而法线贴图则使用贴图中的RGB 信息来修改物体表面的法线方向。在3D 游戏中，法线贴图是在多边形较少的模型上模拟复杂表面效果时常用的手段。目前的显卡驱动程序基本都支持法线贴图，使用法线贴图的模型在实时渲染时的效果和速度都非常不错，3DS MAX 7.0 支持法线贴图可以说是大势所趋。

3DS MAX 7.0 中的光源提供得比较全面，比如点光源、方向光源以及模拟真实光源的 IES 光源，另外还提供了创建环境光源的方法。用户还可以将光线的照射效果“烘烤”到贴图和顶点上，这样可以大大提高实时渲染的效率。Mental Ray 3.3 中的全局照明得到了进一步的改进，物理精确性更高，而且设置更加方便。在新版的Mental Ray中，运动模糊效果不仅仅由于物体本身的运动形成，灯光和摄影机的运动同样可以形成运动模糊效果。

图4-2

当然3DS MAX 7.0新增和改善的功能还有很多，我们可以在动画创作的实践中真实地感受。

（四）3DS MAX 作品赏析

21 世纪将是向人类和自然共同发展为中心的文化价值观转型的世纪，新的世纪向设计提出了适应信息社会、生态文化、后工业文明、知识经济的新的社会背景下的时代课题，这是全球化的人类需求。人的文化观、价值观将重新定位，设计科学也必将在思维、观念、认识、表现和方法上发生重大变化。我们所追求的设计应该也必须把这种变化放在核心位

图4-3

图 4–4

图 4-5

图 4-6

图 4-7

置，以此来引领设计理念，这样才能创造出经典的艺术设计作品。

笔者在此精选了一组国内外大师的设计作品供读者学习欣赏。

随着文明的进步，人们的审美需求和消费心理将更趋多元化，这将给产品形态的丰富性提出相应要求，从而使产品设计风格迅速更迭。这给我们设计师提供了一个自由的空间展示自己设计的舞台。产品制作设计一直是笔者最钟爱的设计领域，笔者相信自己一定会在这一领域中一展身手，将设计灵感和创作激情毫无保留地发挥于每一件作品上。笔者曾用 3DS MAX 软件创作了大量的工业产品造型，以下是笔者

图 4-9

图 4-10

图 4-8

图 4-11

Mika
Mobil
Shell
TELECOM
TOTAL
MORSE
Safra
EUROPEAN AVIATION
BUZZIN
HORNETS
REPSO

图 4-12

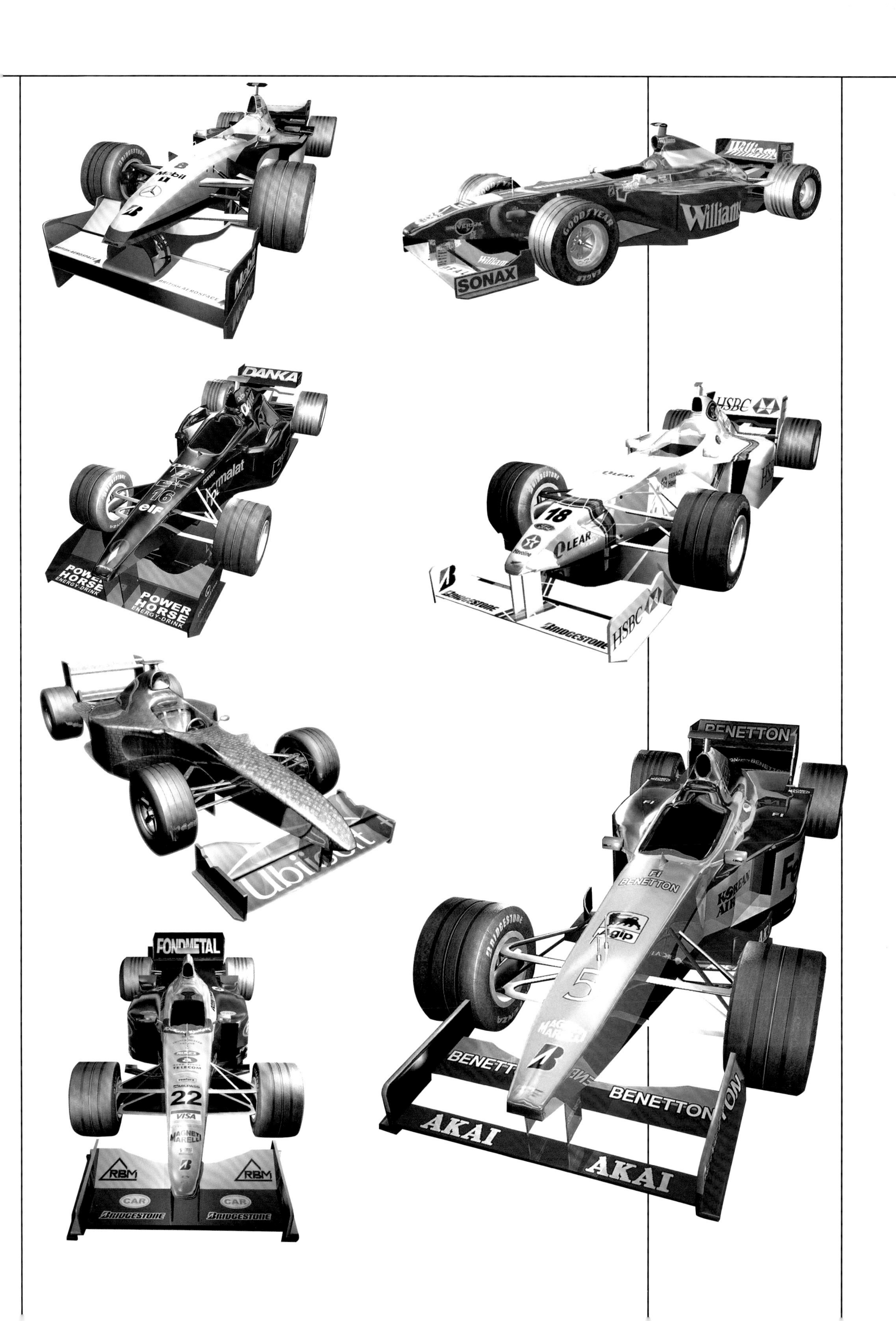

Mobil
BRITISH AEROSPACE
Williams
SONAX
GOODYEAR
DANKA
Parmalat
16
elf
POWER HORSE ENERGY-DRINK
POWER HORSE ENERGY-DRINK
HSBC
18
LEAR
BRIDGESTONE
BRIDGESTONE
HSBC
Ubisoft
FONDMETAL
22
VISA
MAGNETI MARELLI
RBM
RBM
CAR
CAR
BRIDGESTONE
BRIDGESTONE
BENETTON
F1 BENETTON
KOREAN AIR
Agip
5
BENETTON
BENETTON
AKAI
AKAI

近期所作的一些作品，很愿意与广大读者一同分享，也很愿意将自己在制作中的一些心得体会与广大读者一同分享。

对近代产品形态的讨论，我们以包豪斯所提倡的“新式追随功能”的理性主义为起点。笔者推崇理性主义所带来的简约的造型语言创造出的全新的产品风格，笔者的作品以规整的几何形式的简单组合为大的造型特征，同时加之“流线型”的点缀，从而完成由“直”到“曲”、由“曲”回“直”的一次回归。无论是剃须刀、椅子还是赛车的设计都以理性语言为主要造型因素，使产品表情更加丰富，细节更加成熟多变。

这一系列赛车是笔者为某一游戏公司所作的游戏汽车模型。复杂的曲面融合形态具有较大的亲和力，对产品形态的探索提升了一个新的高度，削棱式造型在曲面融合形态的基础上利用曲面与曲面的不融合性相交产生挺拔的棱线，营造出一种刚柔相济的切削造型。

最后那辆赛车设计曾被公司制作成巨幅海报挂于公司作为宣传。笔者小试灯光贴图，将公司全体员工的名字烙于赛车车身。Material Editor是3DS MAX 中功能强大的模块，是实现多种特技、生成材质的基础，也是利用材料的特性巧妙地减少模型的复杂度，以达到事半功倍效果的有效途经。细心的读者可以在赛车的中心位置发现笔者的大名。

图4-13

图 4-14

图 4-15

图 4-16

图 4-17

图 4-18

图 4-19

图 4-20

图 4-21

图 4-22

图 4-23

图 4-24

笔者也曾用 3DS MAX 工具创作了大量的室内外效果图，下面也将自己的作品与广大读者一同分享。

亨润集团办公楼大堂的两张设计效果图是笔者早期的一些作品之一。分别用两个方案设计了亨润集团办公楼的大堂效果，这是笔者较为满意的一批设计作品。笔者应邀为东方国际集团所设计的这幅效果图在构思上动了一番脑筋，打破常规的设计思路，以圆拱形的构架，半封闭长形走道式设计思路，突出了东方国际集团所弘扬的穿越时空，引领时代新脉搏的企业作风。同时圆形构架还与海洋集团的Logo相得益彰，整体设计大胆和谐，一气呵成。其既富美感又不乏商业竞争力，一经定稿便得到甲方的认可赏识，在细节处稍加修改便投入使用。

笔者也曾用 3DS MAX 工具创作了一些人物造型，下面也将自己的作品与广大读者一同分享。

笔者还认识一些业内的朋友们，他们用 3DS MAX 工具创作了生动的人物形象，征得设计者本人的同意，下面将其作品拿来共同欣赏。

图 4-25

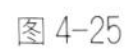

图 4-26

图 4-27

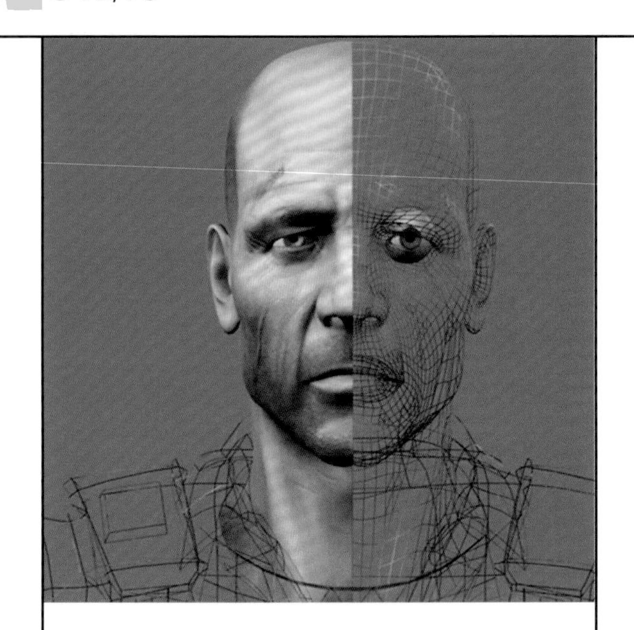

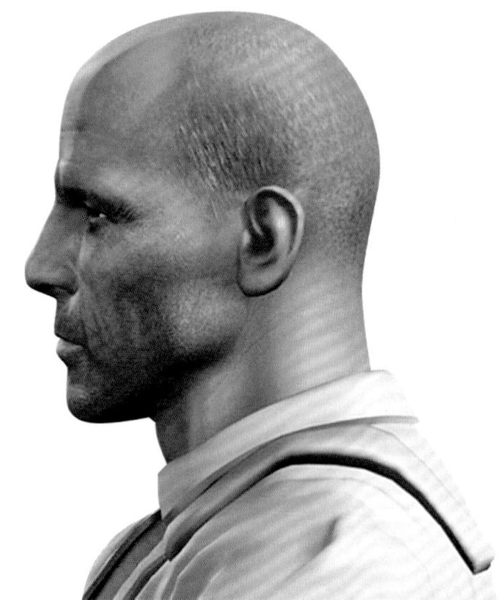

图 4-28

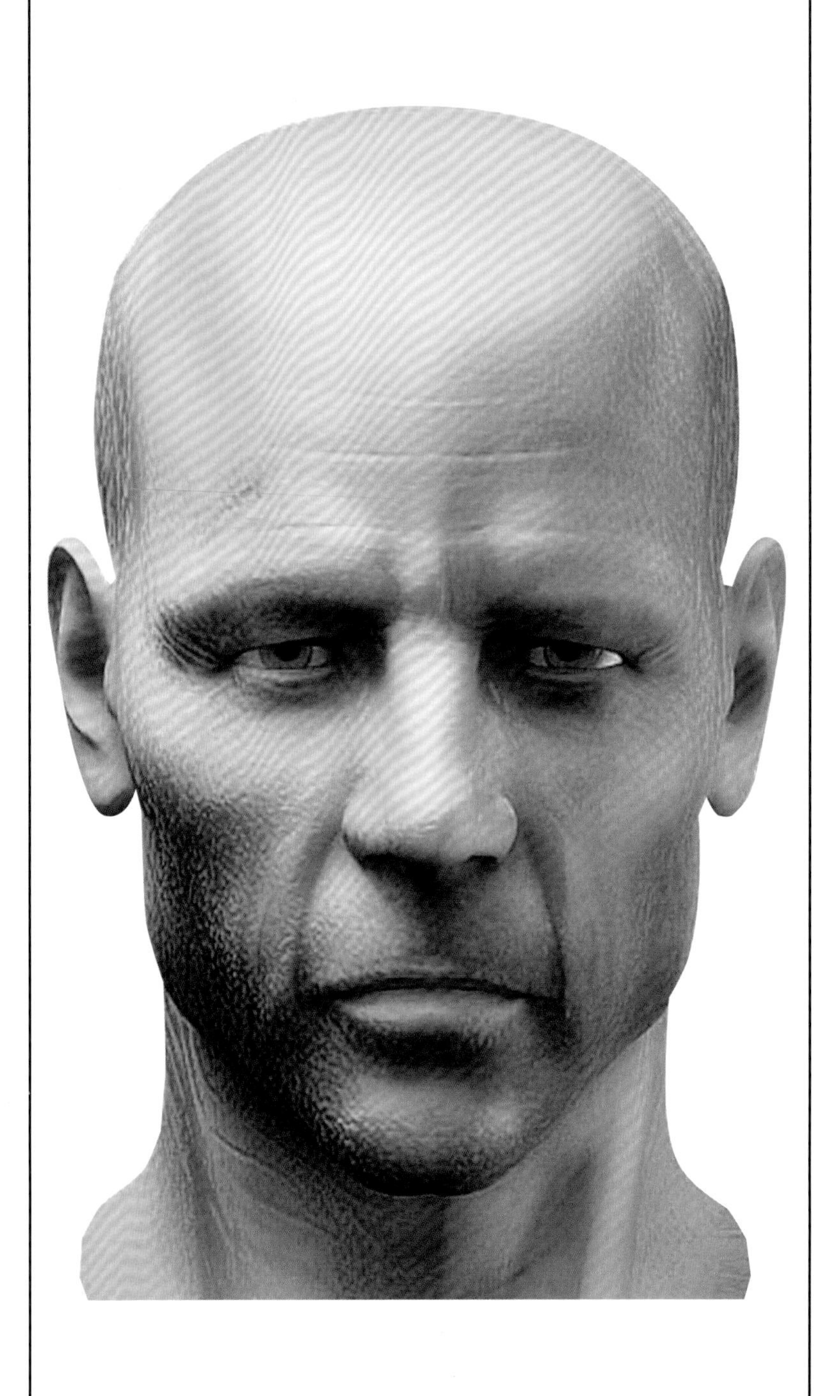

图 4-29

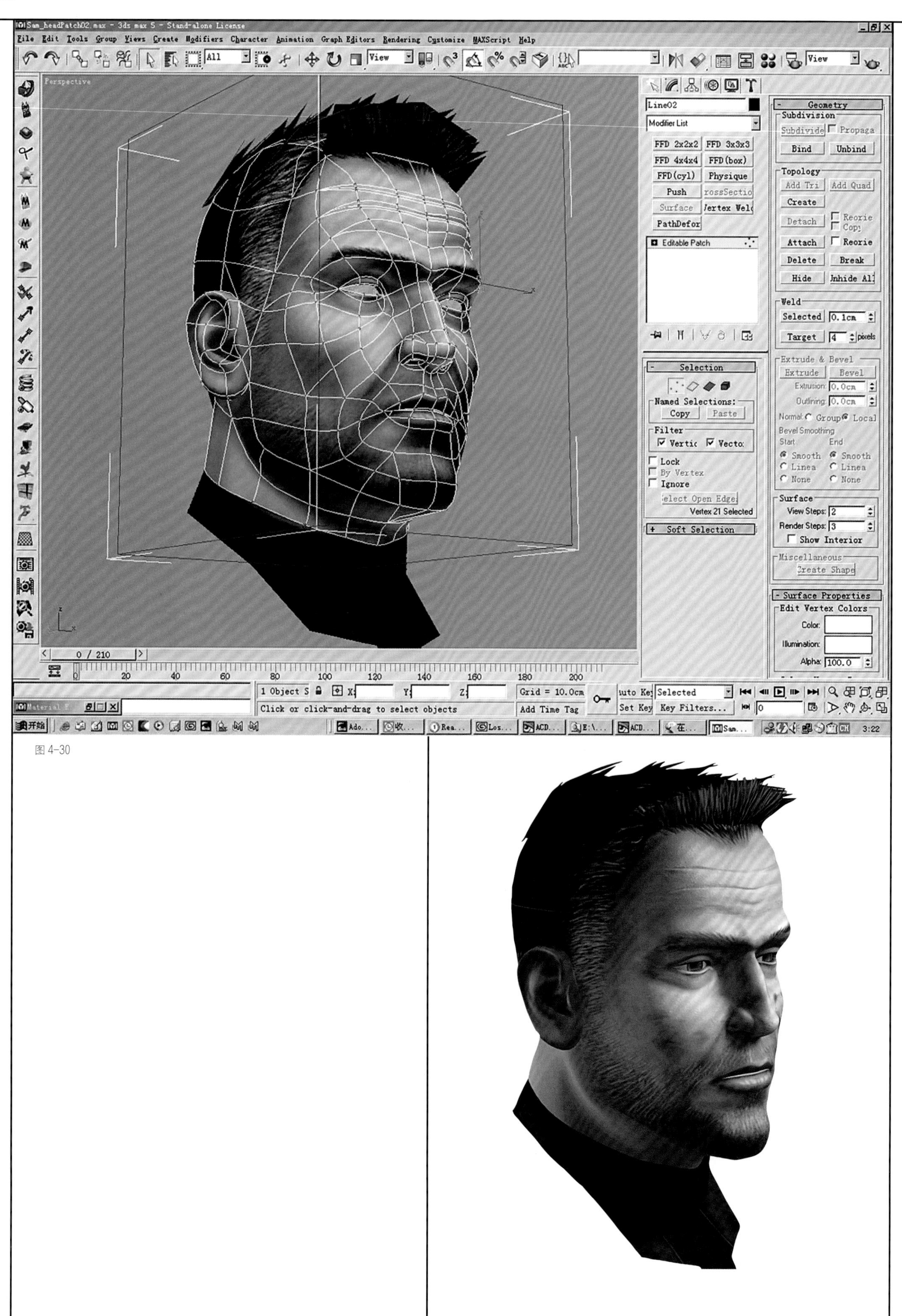
Sam_headPatch02.max - 3ds max 5 - Stand-alone License
File Edit Tools Group Views Create Modifiers Character Animation Graph Editors Rendering Customize MAXScript Help
Perspective
Line02
Modifier List
FFD 2x2x2
FFD 3x3x3
FFD 4x4x4
FFD (box)
FFD (cyl)
Physique
Push
PathDefor
Editable Patch
Selection
Named Selections:
Copy
Paste
Filter
Lock
By Vertex
Ignore
Vertex 21 Selected
Soft Selection
Geometry
Subdivision
Bind
Unbind
Topology
Add Tri
Add Quad
Create
Detach
Attach
Delete
Break
Hide
Weld
Selected
0.1cm
Target
pixels
Extrude & Bevel
Extrude
Bevel
Surface
View Steps:
Render Steps:
Show Interior
Miscellaneous
Create Shape
Surface Properties
Edit Vertex Colors
Color:
Illumination:
Alpha:
100.0
0 / 210
1 Object S
Grid = 10.0cm
Click or click-and-drag to select objects
Add Time Tag
Set Key
Key Filters...
3:22

图 4-30

图 4-31

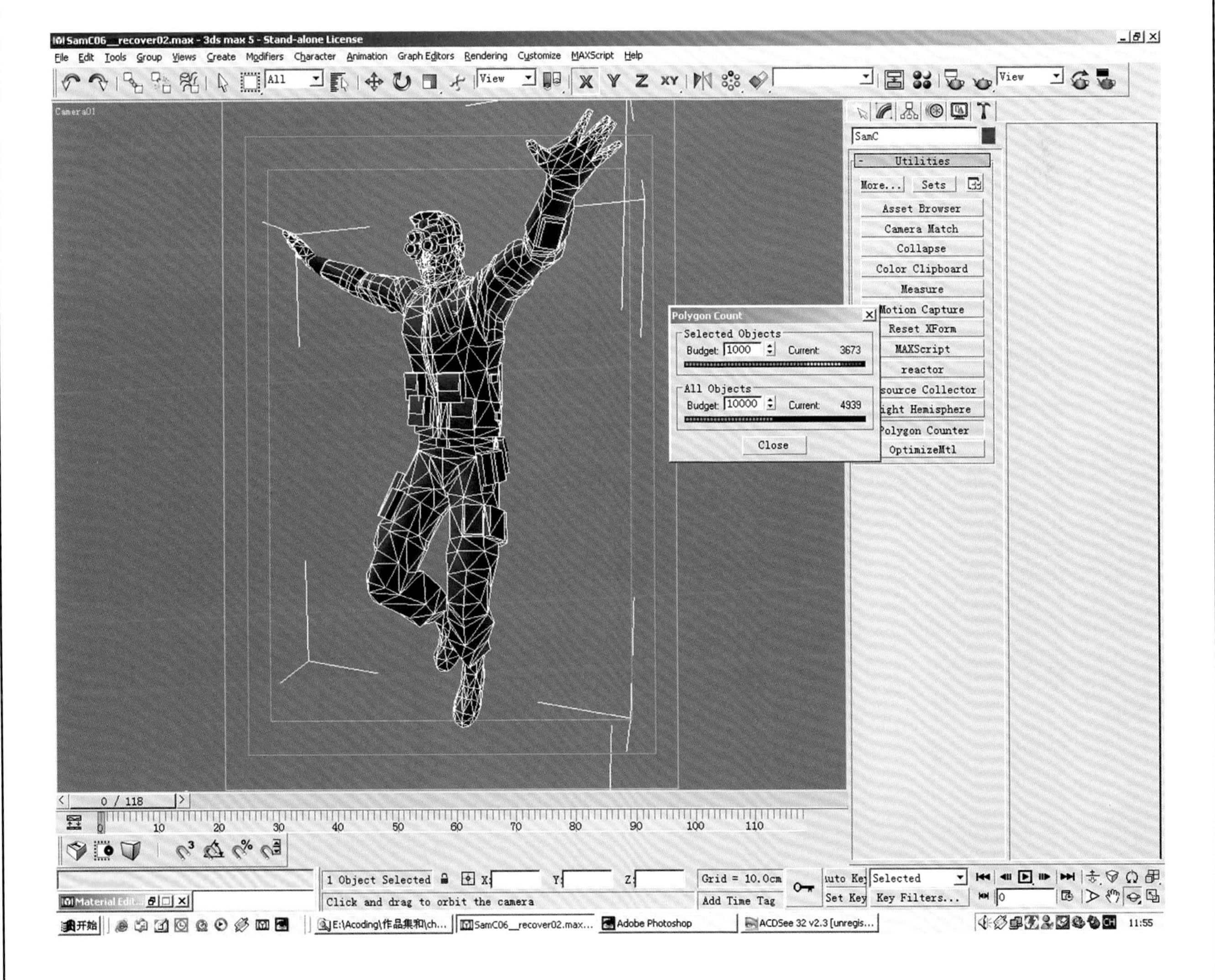
SamC06__recover02.max - 3ds max 5 - Stand-alone License
File Edit Tools Group Views Create Modifiers Character Animation Graph Editors Rendering Customize MAXScript Help
Camera01
SamC
Utilities
More... Sets
Asset Browser
Camera Match
Collapse
Color Clipboard
Measure
Motion Capture
Reset XForm
MAXScript
reactor
source Collector
ight Hemisphere
Polygon Counter
OptimizeMtl
Polygon Count
Selected Objects
Budget: 1000 Current: 3673
All Objects
Budget: 10000 Current: 4939
Close
0 / 118
1 Object Selected
Click and drag to orbit the camera
Grid = 10.0cm
Add Time Tag
Selected
Set Key
Key Filters...
Adobe Photoshop
11:55

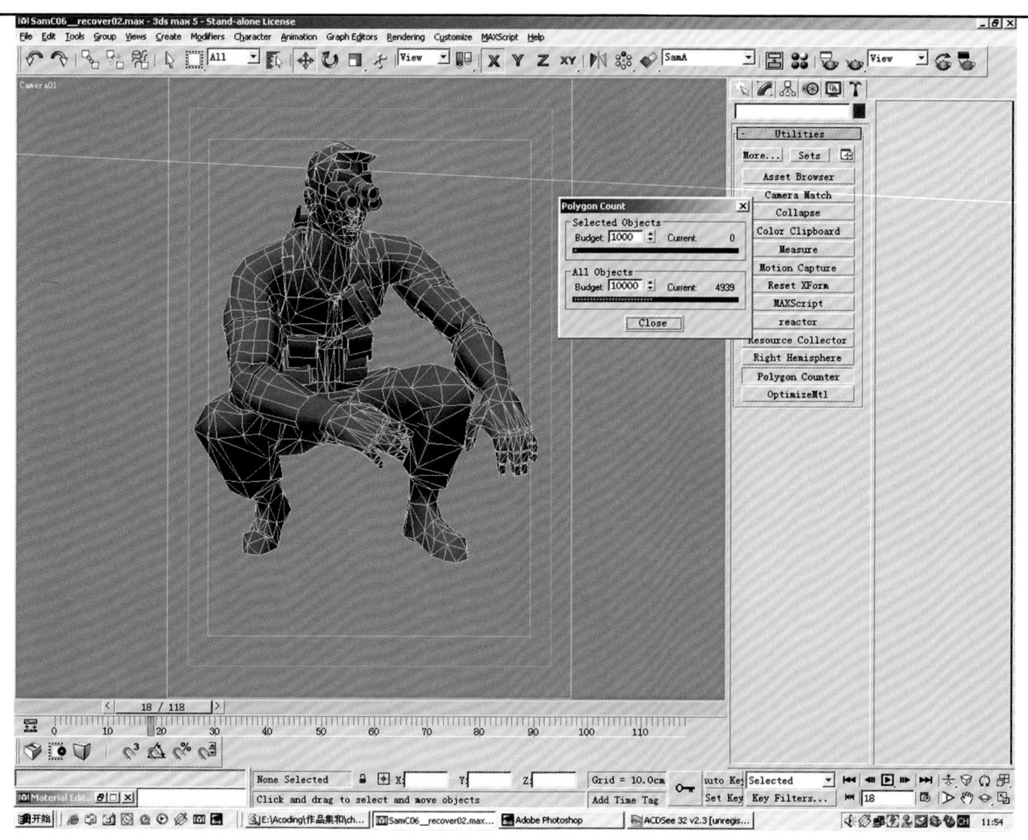
SamC06__recover02.max - 3ds max 5 - Stand-alone License
File Edit Tools Group Views Create Modifiers Character Animation Graph Editors Rendering Customize MAXScript Help
Polygon Count
Selected Objects
Budget: 1000
Current: 0
All Objects
Budget: 10000
Current: 4939
Close
Utilities
More... Sets
Asset Browser
Camera Match
Collapse
Color Clipboard
Measure
Motion Capture
Reset XForm
MAXScript
reactor
Resource Collector
Right Hemisphere
Polygon Counter
OptimizeMtl
18 / 118
None Selected
Click and drag to select and move objects
Grid = 10.0cm
Add Time Tag
Set Key
Key Filters...
Selected
Adobe Photoshop
11:54
图 4-32

图 4-33

在这些作品里大家可以看到的是生动的画面，同时感受到设计者的创意想法。

笔者从事高校教育，经常告诉自己的学生要十分重视、强调艺术修养的培养与积累，电脑毕竟只是一种工具，广大设计工作者需要不断提高自身各方面的熏陶和学习，灵活地将不同领域所吸收的灵感用自己的语言融入到自己的设计作品中，使自己的设计作品永远闪现灵气和鲜活的生命力。

最后，给大家分享的是一段笔者三维动画的图片序列，愿与读者朋友共同学习。

上海市科学技术协会
SHANGHAI ASSOCIATION FOR SCIENCE AND TECHNOLOGY
上海市科学技术协会
SHANGHAI ASSOCIATION FOR SCIENCE AND

上海市科协电子科普画廊
SHANG HAI SHI KE XIE DIAN ZI KE PU HUA LANG
STAR NOW
CIATION FOR SCIENCE AND TECHNOLOGY SHANGHAI ASSOCIATION FOR SCIENCE AND TECHNOLOGY SHANGHAI ASSO

SCIENCE
NGHAI ASSOCIATION FOR SCIENCE AND TECHNOLOGY SHANGHAI ASSOCIATION FOR SCIENCE AND TECHNOLOGY

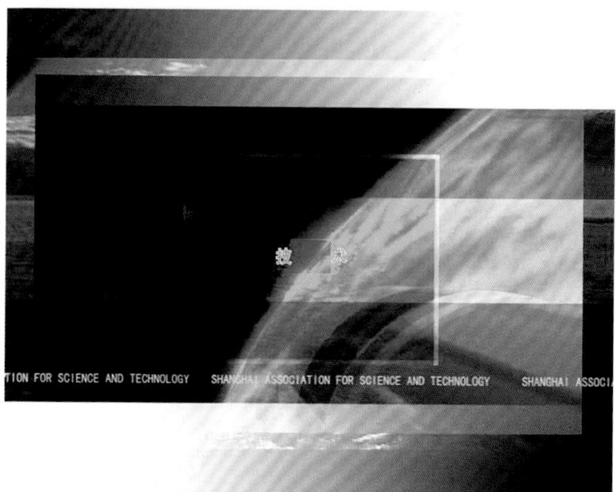
TION FOR SCIENCE AND TECHNOLOGY SHANGHAI ASSOCIATION FOR SCIENCE AND TECHNOLOGY SHANGHAI ASSOCI

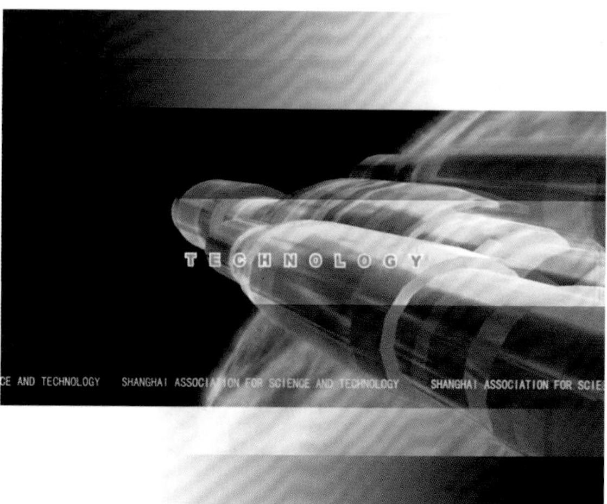
TECHNOLOGY
CE AND TECHNOLOGY SHANGHAI ASSOCIATION FOR SCIENCE AND TECHNOLOGY SHANGHAI ASSOCIATION FOR SCIE

SAS

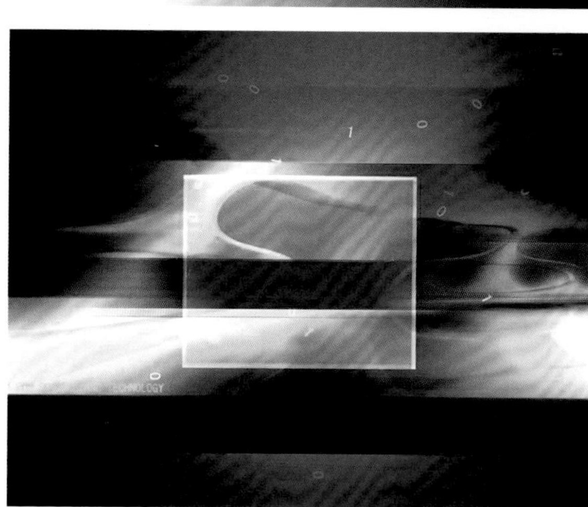

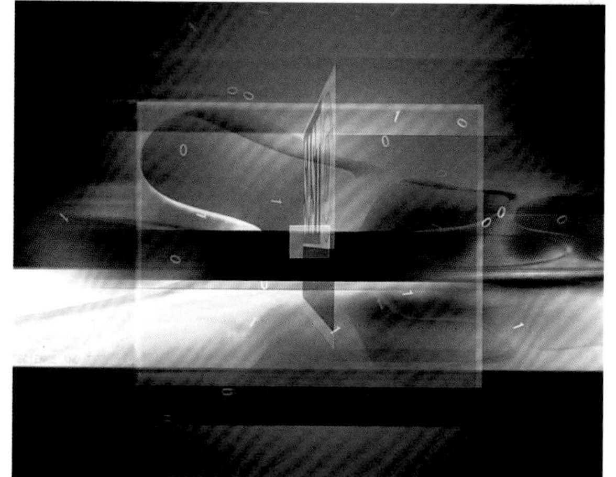

SAST

SAST

SAST
上海市科协电子科普画廊
STAR NOW

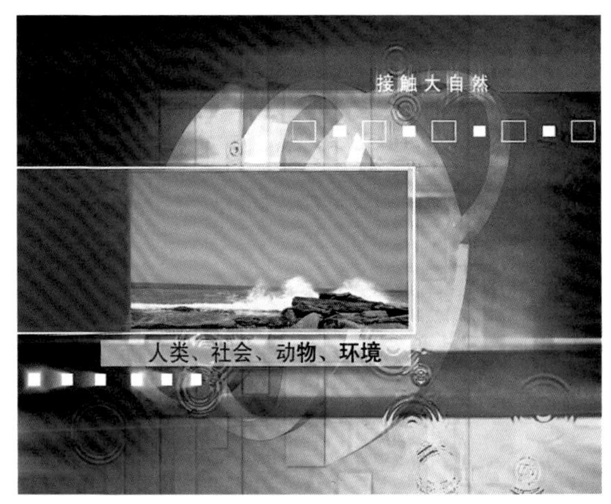
接触大自然
人类、社会、动物、环境

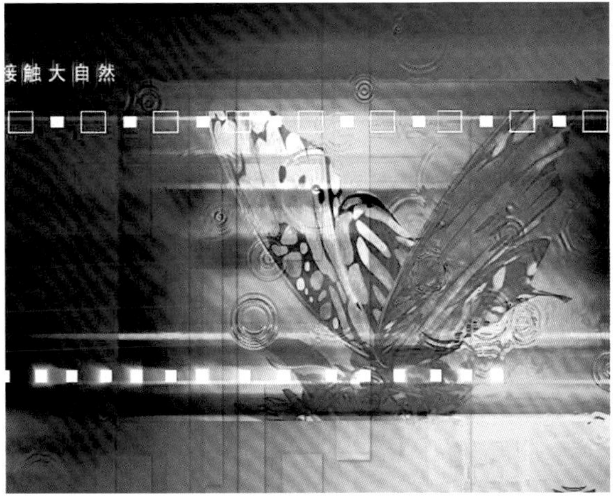
接触大自然

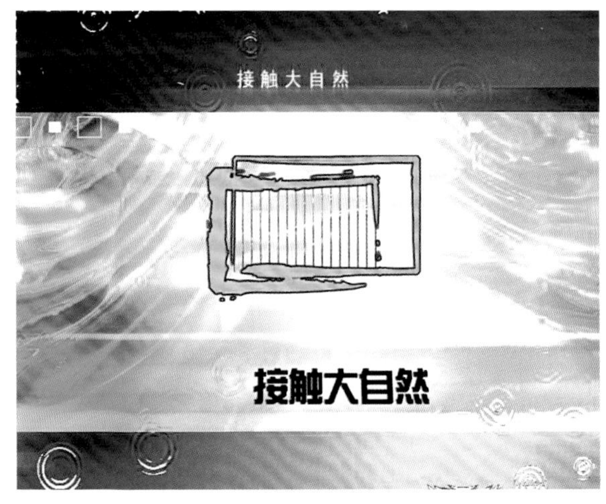
接触大自然
接触大自然

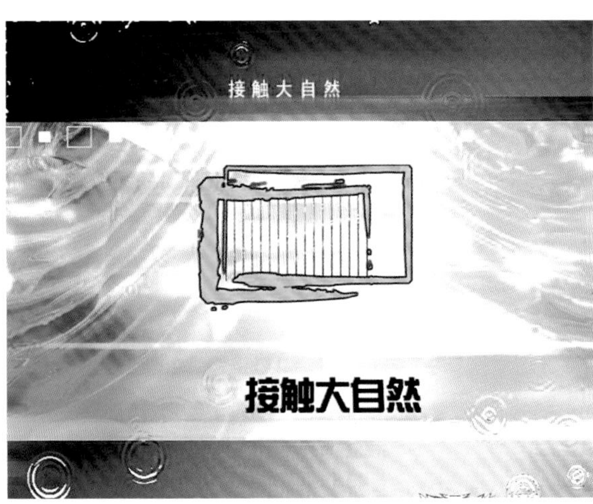
接触大自然
接触大自然

接触大自然
Nature

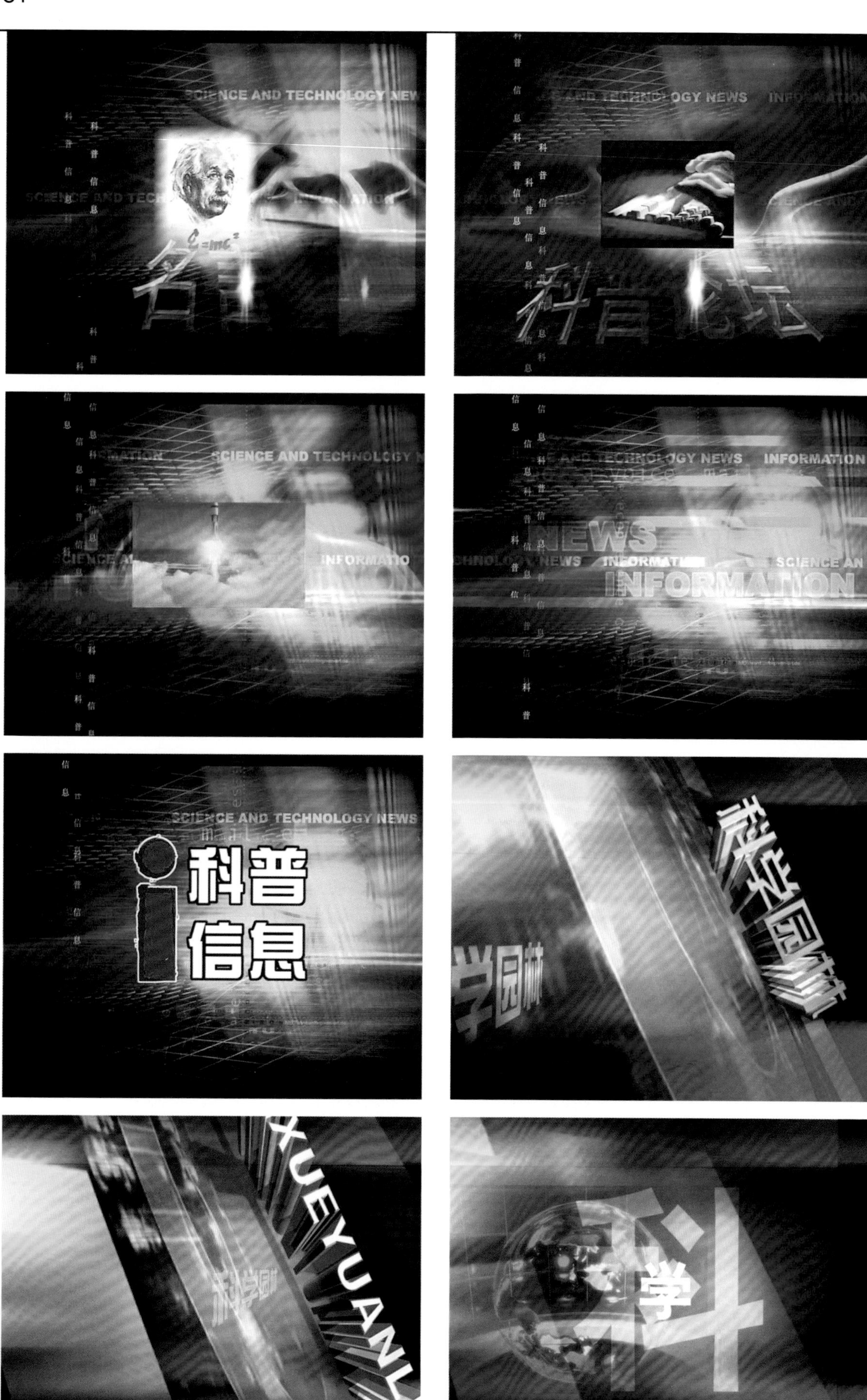
SCIENCE AND TECHNOLOGY NEWS
INFORMATION
NEWS
INFORMATION
科普
信息
XUEYUANLI

参考文献

1. 《多媒体技术》，张瑜等编著，清华大学/北京交通大学出版社，北京，2004.8

2. 《多媒体技术及应用》，王志强等编著，清华大学出版社，北京，2004.4

3. 《Photoshop7与完美网页设计》，（韩）金南权等编著，中国青年出版社，北京，2003.4

4. 《3DSmax完全征服手册》，（韩）崔忠宪等编著，中国青年出版社，北京，2002.4

5. http://www.chinavisual.com/ 视觉中国数字艺术网站

6. http://www.blueidea.com/ 蓝色理想设计开发网站

7. http://www.yesky.com/ 天极中文第一IT门户网站

8. http://www.pconline.com.cn/ 太平洋国内最丰富电脑教程IT综合网站

图书在版编目（CIP）数据

新多媒体·三维造型设计／徐伟德，黄元庆主编．—南宁：广西美术出版社，2005.7
（设计广场系列基础教材）
ISBN 7-80674-734-6

Ⅰ．新… Ⅱ．①徐…②黄… Ⅲ．三维－造型设计－高等学校－教材 Ⅳ．J06

中国版本图书馆CIP数据核字(2005)第056381号

设计广场系列基础教材

新多媒体·三维造型设计

顾　　问 ／ 汪　泓　马新宇
主　　编 ／ 徐伟德
执行主编 ／ 黄元庆
编　　委 ／ 李四达　张红宇　任丽翰　刘珂艳　潘惠德
许传宏　周　宏　陈烈胜　魏志杰
本册著者 ／ 占建国　方燕燕
出 版 人 ／ 伍先华
终　　审 ／ 黄宗湖
图书策划 ／ 钟艺兵
特约编辑 ／ 张红宇
责任美编 ／ 陈先卓
责任文编 ／ 何庆军
装帧设计 ／ 阿　卓
责任校对 ／ 陈宇虹　龙丽坤　陈小英
审　　读 ／ 林柳源
出　　版 ／ 广西美术出版社
地　　址 ／ 南宁市望园路9号
邮　　编 ／ 530022
发　　行 ／ 全国新华书店
制　　版 ／ 广西雅昌彩色印刷有限公司
印　　刷 ／ 深圳雅昌彩色印刷有限公司
版　　次 ／ 2006年1月第1版
印　　次 ／ 2006年1月第1次印刷
开　　本 ／ 889mm × 1194mm　1/16
印　　张 ／ 5.5
书　　号 ／ ISBN 7-80674-734-6/J·517
定　　价 ／ 32.00元